RÉPUBLIQUE FRANÇAISE

MINISTÈRE DE L'AGRICULTURE

DIRECTION GÉNÉRALE DES EAUX ET FORÊTS

# RESTAURATION
ET
# CONSERVATION DES TERRAINS
# EN MONTAGNE

## TROISIÈME PARTIE

PARIS
IMPRIMERIE NATIONALE

MDCCCCXI

# RESTAURATION

ET

# CONSERVATION DES TERRAINS

# EN MONTAGNE

MINISTÈRE DE L'AGRICULTURE

DIRECTION GÉNÉRALE DES EAUX ET FORÊTS

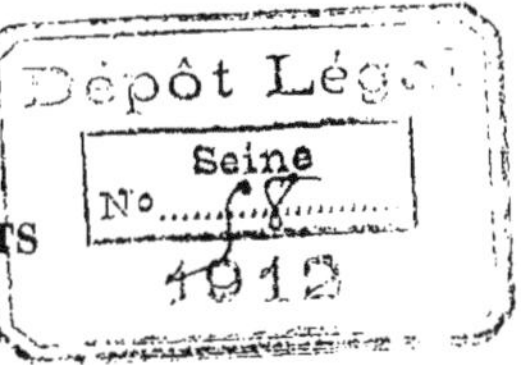


# RESTAURATION
ET
# CONSERVATION DES TERRAINS
# EN MONTAGNE

## TROISIÈME PARTIE

PARIS
IMPRIMERIE NATIONALE

MDCCCCXI

# TROISIÈME PARTIE

## DESCRIPTION SOMMAIRE

## DES PÉRIMÈTRES DE RESTAURATION

---

# RÉGION
# DES CÉVENNES ET DU MASSIF CENTRAL
# RÉGION DES PYRÉNÉES

---

84 PLANCHES

DE REPRODUCTIONS PHOTOGRAPHIQUES

# RESTAURATION

ET

# CONSERVATION DES TERRAINS EN MONTAGNE.

## TROISIÈME PARTIE

### DESCRIPTION SOMMAIRE DES PÉRIMÈTRES DE RESTAURATION.

## RÉGION DES CÉVENNES ET DU MASSIF CENTRAL.

### DÉPARTEMENT DE L'ARDÈCHE.

#### PÉRIMÈTRE DE L'ARDÈCHE SUPÉRIEURE.

**Description du bassin. Altitudes.** — L'Ardèche est tout entière dans le département auquel elle a donné son nom, et dont elle traverse la partie sud en écharpe en allant du nord-ouest au sud-est. Elle a une longueur de 119 kilomètres de sa source à son confluent dans le Rhône, à 2 kilomètres en amont du pont Saint-Esprit, et sa chute totale est de 1,243 mètres.

Du pied du plateau de la Chavade où elle prend naissance, jusque près d'Aubenas, elle coule dans une vallée très étroite, creusée dans des rochers granitiques ou volcaniques, au milieu desquels elle a 30 et 40 mètres de largeur. A Aubenas, la rivière occupe 100 et 200 mètres dans des graviers découverts à l'étiage, faisant partie d'une plage de plusieurs centaines de mètres de largeur qui se prolonge, mais en se rétrécissant, jusqu'à 8 à 10 kilomètres à l'aval.

Trois autres plages du même genre se rencontrent encore près du village de Lanas, vis-à-vis celui de Chauzon et au confluent du Chassézac, mais, à part ces épanouissements, l'Ardèche est depuis Vogüé jusqu'à Saint-Martin, à 9 kilomètres du Rhône, encaissée dans un plateau calcaire très élevé, dans lequel elle coule à une profondeur de 100 et 150 mètres et quelquefois davantage, comme à Ruoms, au Pont-d'Arc, à la Maison-Gournier, au Rocher-Pointu, etc. Entre Saint-Martin d'Ardèche et le Rhône s'étend, sur 9 kilomètres, une plaine d'alluvion de 2 kilomètres environ de largeur, que les eaux submergent lors des grandes crues.

Les principaux affluents de l'Ardèche sont, à l'amont d'Aubenas, sur la rive droite : l'Alignon, la Ligne, la Beaume et le Chassézac, et, sur la rive gauche : l'Auzon, l'Ibie, la Fontaulière et la Volane.

La surface du bassin est de 2,429 kilomètres carrés, c'est-à-dire environ les deux cinquièmes de la superficie totale du département; il a la forme d'un vaste amphithéâtre, dont les degrés s'abaissent jusqu'au Rhône.

Le bassin de l'Ardèche supérieure ne comprend que les affluents en amont d'Aubenas, c'est-à-dire l'Alignon, la Fontaulière et la Volane, et il s'étend entre le Coiron au nord et à l'est, les Cévennes à l'ouest et les monts Tanargue au sud.

La Fontaulière, l'Ardèche et l'Alignon coulent dans trois vallées parallèles séparées par des chaînons qui se détachent de la ligne de faîte des Cévennes et dont les altitudes des principaux sommets sont sur la commune de Montpezat, le Pal (1,280 mètres) et la Gravenne (760 mètres); sur la commune de Mayres, la Chavade (1,243 mètres), le rocher d'Abraham (1,501 mètres); sur la commune de la Souche, le mont de Beauzon (1,540 mètres), le Tanargue (1,460 mètres).

**Conditions géologiques.** — Les roches des montagnes de l'Ardèche sont au nord, au centre et à l'ouest, des granites et des gneiss; au sud-ouest, des micaschites; au sud-est, des calcaires et des grès. Enfin du Mézenc à l'Allier, à l'Erieux et au Rhône devant Rochemaure des débris volcaniques, laves, basaltes, trachytes et phonolithes ont couvert en partie les granites, les gneiss et les calcaires; le revêtement volcanique allant du Mézenc à Rochemaure par les monts de Lachamp-Raphaël et le Coiron partage à peu près le département de l'Ardèche en deux portions égales, l'une au nord, l'autre au sud-ouest.

**Climat.** — Les altitudes étant très diverses, les climats qu'on rencontre sont également très différents. Ainsi c'est un hiver presque constant qui règne sur le Tanargue, sur la chaîne qui sépare les deux vallées de l'Ardèche et de l'Alignon et aux sources de la Volane, tandis qu'au contraire dans la zone inférieure du bassin le climat est tempéré. Une autre circonstance contribue à donner deux climats à ce bassin, c'est la diversité de ses roches; à l'ouest et au nord dominent les granites et les gneiss, roches imperméables rendant le sol qu'elles supportent froid et humide, tandis qu'à l'est et au sud dominent les calcaires, roches généralement perméables.

Dans la montagne, la neige tombe en abondance dès la fin du mois d'octobre et persiste jusqu'à la fin du mois d'avril.

En été, de violents orages éclatent fréquemment dans les régions élevées.

Les pluies sont très intenses en automne.

**Productions.** — Les productions sont aussi variées que les roches et les altitudes. Au nord et à l'ouest, les pâturages et les prairies avec quelques maigres champs de seigle et de pomme de terre, à l'est et au sud, l'olivier, le mûrier, la vigne, les cultures de toutes sortes et les prairies le long des cours d'eau.

**Situation administrative. Contenance. Population.** — Le bassin supérieur de l'Ardèche s'étend sur les arrondissements de Privas et de Largentière.

Une commune, celle de Saint-Andéol-de-Fourchades, est située dans l'arrondissement de Tournon.

Sa contenance est d'environ 57,244 hectares et sa population de 48,285 habitants.

**État de dégradation du sol.** — L'état superficiel des versants, dont la déclivité est excessive, varie suivant l'exposition.

On peut dire que généralement, à l'exposition méridionale, ils sont toujours dénudés et le plus souvent dégradés, tandis qu'au contraire, à l'exposition du nord, on rencontre encore, çà et là, quelques lambeaux de forêts de hêtre et de sapin. Ces différences tiennent au pâturage qui, à l'exposition nord, ne peut s'exercer que pendant quelques mois de l'année, tandis qu'à l'exposition sud il est pratiqué pendant l'année entière.

Il faut ajouter que ces versants sont formés de terrains imperméables et présentent des pentes très fortes. Il s'ensuit que les pluies d'automne, qui tombent avec une très grande intensité, ne pénètrent pas dans le sol, ruissellent avec une vitesse en rapport avec l'inclinaison, produisent sur ces rampes des ravinements nombreux et profonds, et entraînent des quantités considérables de matériaux.

L'Ardèche est une rivière éminemment torrentielle, c'est-à-dire qu'elle a des crues à la fois très fortes et de peu de durée.

Les eaux ont atteint en 1890 la hauteur de 17 m. 60 au-dessus de l'étiage, au pont suspendu de Vallon.

La crue de 1890 est d'ailleurs regardée dans toute la partie comprise entre Vallon et le Rhône comme la plus forte de toutes les crues connues, celle de 1827 tient le second rang.

Le volume par seconde des eaux d'étiage au pont de Vallon

est de 5 mètres cubes et celui des eaux ordinaires de 25 mètres cubes.

Le débit maximum de l'Ardèche a été en 1846 de 3,200 mètres cubes à Aubenas, en 1827 de 9,660 mètres cubes au pont d'Arc, en 1857 de 3,900 mètres cubes au pont d'Aubenas et de 7,900 mètres cubes au pont d'Arc.

En 1890, le débit maximum a atteint 5,000 mètres cubes au pont d'Aubenas.

Les énormes débits de l'Ardèche sont dus à plusieurs causes : au déboisement des montagnes des Cévennes et du Coiron, aux fortes pentes de la rivière et de ses affluents, à la grande déclivité des versants, et à l'égalité de longueur des vallées d'où les eaux débouchent sensiblement en même temps, enfin aux pluies diluviennes qui tombent dans la région.

**Composition et contenance du périmètre.** — Le périmètre de l'Ardèche supérieure a été constitué par une loi du 27 juillet 1895. Il comprend dix-huit séries.

La contenance totale est de 4,818ʰ 94ᵃ 55ᶜ; 3,340ʰ 02ᵃ 54ᶜ sont déjà la propriété de l'État.

La contenance de chaque série est indiquée ci-après :

| | | | |
|---|---|---|---|
| Mayres | 1,115ʰ | 25ᵃ | 81ᶜ |
| Thueyts | 16 | 91 | 05 |
| La Souche | 1,153 | 03 | 35 |
| Le Roux | 77 | 96 | 82 |
| Montpezat | 169 | 42 | 15 |
| Saint-Andéol-de-Fourchades | 32 | 72 | 10 |
| Lachamp-Raphaël | 203 | 94 | 79 |
| Pereyres | 241 | 63 | 71 |
| Burzet | 437 | 37 | 84 |
| Mézilhac | 212 | 77 | 69 |
| Laviolle | 182 | 32 | 04 |
| Antraigues | 164 | 08 | 85 |
| Genestelle | 186 | 39 | 99 |

| | | | |
|---|---|---|---|
| Aizac | $25^h$ | $30^a$ | $67^c$ |
| Labastide-de-Juvinas | 225 | 21 | 20 |
| Saint-Joseph-des-Bancs | 90 | 82 | 20 |
| Saint-Étienne-de-Boulogne | 136 | 09 | 59 |
| Vesseaux | 147 | 64 | 70 |
| TOTAL | 4,818 | 94 | 55 |

**Travaux.** — Les travaux entrepris ont eu pour but de préparer l'extinction des torrents en empêchant le charriage des matériaux arrachés au flanc de la montagne, c'est-à-dire en supprimant tout affouillement sur les berges ou sur les versants, en divisant et ralentissant l'écoulement des eaux et en retardant leur concentration soudaine dans le thalweg des principaux ravins.

L'exécution de travaux de correction n'étant pas nécessaire, on a commencé le reboisement des terrains immédiatement après l'acquisition.

Dans toutes les séries appartenant à l'État, les travaux de reboisement, précédés sur quelques points de travaux de consolidation sans importance, ont été poussés avec la plus grande vigueur et peuvent être considérés comme complètement terminés.

La série du Roux renferme un massif unique et complet de pin d'Auvergne âgé de 22 à 28 ans sur un versant granitiqne exposé au nord-ouest, à une altitude variant de 1,100 à 620 mètres.

Elle domine la vallée de la Fontaulière ainsi que la route départementale n° 5 qu'elle a pour but de protéger contre les apports des nombreux torrents qui prennent naissance dans cette série et qui sont devenus absolument inoffensifs.

Le reboisement de la série de Montpezat formant deux divisions de contenance à peu près égale, assises sur des terrains volcaniques, à des expositions diverses, aux altitudes variant de 1,280 à 600 mètres, peut être également considéré comme terminé. Dans cette série, on rencontre des plants de différentes espèces et d'âges divers, pins à crochets, mélèzes et hêtres de 22 à 31 ans aux grandes altitudes, puis les pins d'Auvergne, chênes, châtaigniers et robiniers aux altitudes inférieures et avec des âges variant de 12 à 46 ans.

La série de Thueyts est contiguë à la série de Montpezat et forme un peuplement complet de pins d'Auvergne âgés de 14 à 21 ans, sur un versant exposé au midi, recouvert de scories volcaniques, à une altitude de 800 à 600 mètres.

La série de Mayres, la plus importante par son étendue et par sa situation dans le bassin supérieur de l'Ardèche, est assise sur le granite et le gneiss aux expositions nord, sud et ouest.

Elle comprend trois massifs séparés : le premier, celui de la rive gauche, exposé au midi s'étale sur un versant autrefois complètement en éboulis, actuellement consolidé, et est formé par un peuplement d'âges variés (8 à 22 ans) consistant surtout en pins à crochets et hêtres à la partie supérieure, puis en pins d'Auvergne.

Le deuxième massif, qui est exposé à l'ouest et qui barre la vallée de l'Ardèche, est une ancienne forêt connue sous le nom de la Grézouze, acquise en 1878, autrefois dévastée et ruinée, et actuellement reconstituée en un gaulis de sapins et de hêtres surmontés de quelques vieilles réserves de sapins.

Le troisième massif, exposé au nord, situé sur la rive droite, comprend généralement un perchis sur souche de hêtres plus ou moins clairiéré avec quelques vieux sapins. Les vides et clairières ont été regarnis par des plantations de pins à crochets et d'épicéas, et de nombreux semis de sapins ont été opérés sous les cépées de hêtres abroutis et rabougris. On est donc en voie de reconstituer sur tout ce versant l'ancienne forêt de sapins et de hêtres, et cette œuvre peut être considérée comme à peu près terminée.

Les deux séries de Saint-Étienne-de-Boulogne et Vesseaux ne forment qu'un seul massif qui s'étend sur un versant calcaire d'un contrefort du Coiron exposé au nord-ouest et recouvert à la partie supérieure d'un revêtement volcanique. L'altitude varie entre 250 et 800 mètres; on y rencontre le pin d'Auvergne, le hêtre, le chêne, le robinier, le pin noir et le pin laricio des Cévennes. Les peuplements sont âgés de 10 à 22 ans.

Dans les séries de Saint-Andéol-de-Fourchades, de Lachamp-Raphaël, de Laviolle, d'Antraigues, de Genestelle, d'Aizac et de Labastide, tous les terrains appartenant à l'État ont été reboisés.

Aux altitudes inférieures, entre 600 et 900 mètres, le pin sylvestre a été employé avec succès à toutes les expositions. L'épicéa a toujours réussi entre 800 et 1,200 mètres, surtout aux expositions fraîches. Enfin le pin à crochets a été utilement planté dans les terrains non abrités entre 1,000 et 1,400 mètres.

La contenance totale actuellement reboisée est de 3,027 hectares. (Planches 1 et 2.)

### PÉRIMÈTRE DE L'ARDÈCHE MOYENNE[1].

**Description du bassin. Altitudes.** — Les affluents de l'Ardèche se ressemblent tellement par le relief de leur bassin et par la hauteur des montagnes où ils prennent leur source, que leur importance est sensiblement proportionnelle à la surface de ces bassins :

| | |
|---|---|
| Le Chassézac | 75,500 hectares |
| La Beaume | 25,700 |
| L'Ibie | 15,300 |
| La Fontaulière et le Bourgès | 13,500 |
| La Ligne | 12,400 |
| La Volane | 10,600 |
| L'Alignon | 6,000 |

Il résulte de cette classification que la rivière de la Beaume est le plus important affluent de l'Ardèche, après le Chassézac dont le bassin a été compris dans un périmètre spécial.

Son bassin, contigu à ceux de l'Ardèche supérieure et du Chas-

[1] Le périmètre de l'Ardèche moyenne est compris en entier dans le bassin de la Beaume.

1. Périmètre de l'Ardèche supérieure (Ardèche). Série de Montpezat.
Plantation de pin sylvestre de 18 ans.

Phototypie Berthaud, Paris

2. Périmètre de l'Ardèche supérieure (Ardèche). Série d'Aizac.
Plantations de châtaignier, de pin sylvestre et de pin laricio de Corse de 2 à 17 ans.

sézac, est comme eux divisé en une série de bassins secondaires très étroits, formés par des ramifications qui partent du mont Tanargue et sont sur beaucoup de points aussi élevées que la chaîne principale. Ces bassins secondaires sont subdivisés à leur tour en petits bassins, les versants qui les limitent étant découpés par une série de contreforts qui se terminent au bord des vallées avec des inclinaisons beaucoup plus fortes que les pentes moyennes des versants.

De là, des affluents nombreux qui ont généralement peu de longueur, mais des pentes longitudinales très fortes.

Pour faciliter l'étude de la Beaume, il convient de la diviser en deux sections : de sa source à son confluent avec la Drobie, et du confluent de la Drobie à son embouchure dans l'Ardèche.

Dans la première section, d'une longueur de 25 kilomètres, la Beaume a une largeur moyenne de 14 mètres, une pente moyenne de 4.8 p. 100 et un débit de 0mc350. Elle prend naissance dans la chaîne du Tanargue, près du village de Loubaresse, à 1,100 mètres d'altitude, et coule, dans la direction du sud-est, sur les territoires des communes de Valgorge, de Beaumont et de Rocles, puis elle s'infléchit brusquement au sud et reçoit les eaux de la Drobie sur le territoire de Ribes.

Dans la deuxième section, la Beaume a une longueur de 19 kilom. 600, une largeur moyenne de 55 mètres et un débit de 6mc150. Elle coule dans une vallée qui s'élargit de plus en plus et va se jeter dans l'Ardèche au-dessous de Ruoms.

En résumé, la Beaume a une longueur totale de 44 kilom. 600, elle présente un débit des plus variables; presque nul aux eaux d'étiage, il peut s'élever aux grandes crues jusqu'à 1,800 mètres par seconde et même davantage.

Limité au nord et à l'est par la chaîne du Tanargue, au sud et à l'ouest par le plateau de Loubaresse, ce bassin ne le cède en rien pour les altitudes à celui de l'Ardèche supérieure. Sur le Tanargue les altitudes les plus remarquables sont les suivantes : sommet du Tanargue (1,496 m.), Tanargue (1,460 m.), signal de Coucourude (1,448 m.), petit Tanargue (1,441 m.), crête du Tanargue à Rocles (1,200 m.). Sur la rive droite de la Beaume on trouve le sommet du Pioule (1,217 m.) et la montagne de Serre (1,107 m.).

**Conditions géologiques.** — Dans la première partie de son cours la Beaume traverse des terrains éruptifs et cristallins, c'est-à-dire des granites, des gneiss et des micaschistes. Dans la deuxième partie les terrains appartiennent en général aux étages sédimentaires et comprennent les grès inférieurs, les marnes schisteuses et les calcaires dolomitiques, le grès fin supérieur, les marnes calloviennes, les calcaires marneux oxfordiens et les calcaires de Païolive.

**Climat.** — Les deux régions que traverse la Beaume appartiennent à deux climats différents et même tout à fait opposés. Dans la première, des sources de la Beaume au confluent de la Drobie, on rencontre le climat des hautes montagnes. L'hiver est long et rigoureux, la neige apparaît souvent dès la fin d'octobre pour ne disparaître qu'au mois de mai et souvent au mois de juin. Sur le Tanargue, aux grandes altitudes de 1,400 à 1,500 mètres, des amas de neige ne disparaissent guère qu'en juillet et même en août.

Dans la deuxième partie du bassin au contraire c'est le climat chaud du midi de la France.

**Productions.** — Tandis que les habitants de la montagne ne récoltent que du fourrage, avec un peu de seigle et de pommes de terre, ceux de la région inférieure cultivent l'olivier, le mûrier, la vigne, et récoltent le blé, le foin, les pommes de terre, etc.

**Situation administrative. Contenance. Population.** — Le bassin de l'Ardèche moyenne a une superficie totale de

28,036 hectares répartis sur 17 communes qui comprennent une population de 14,158 habitants.

**État de dégradation du sol.** — En ce qui concerne la dégradation du sol on ne peut que se reporter aux développements donnés dans l'étude du périmètre de l'Ardèche supérieure, car les régimes des cours d'eau sont absolument les mêmes et proviennent des mêmes causes.

**Composition et contenance du périmètre.** — Le périmètre de l'Ardèche moyenne a été constitué par une loi du 27 juillet 1895, sa contenance totale est de 3,043$^h$ 82$^a$ 17$^c$; 1,518$^h$ 16$^a$ 69$^c$ sont déjà la propriété de l'État.

Il comprend les neuf séries suivantes :

| | | | |
|---|---|---|---|
| Loubaresse | 4$^h$ | 98$^a$ | 05$^c$ |
| Valgorge | 917 | 03 | 33 |
| Dompnac | 400 | 46 | 60 |
| Sablières | 526 | 21 | 86 |
| Laboule-et-Valos | 545 | 12 | 01 |
| Rocles | 144 | 19 | 60 |
| Saint-André-Lachamp | 374 | 10 | 32 |
| Saint-Mélany | 49 | 38 | 36 |
| Beaumont | 82 | 32 | 04 |
| TOTAL | 3,043 | 82 | 17 |

**Travaux.** — La série de Valgorge, a été seule parcourue par des travaux de reboisement, tandis que toutes les autres sont en voie d'acquisition.

On ne peut citer que pour mémoire l'acquisition de Loubaresse (4$^h$ 98$^a$ 05$^c$) qui fait suite à la série de Valgorge et renferme une jeune plantation de pins à crochets de 5 à 6 ans.

La série de Valgorge occupe les deux versants qui dominent la vallée de la Beaume et s'étend en même temps sur le plateau du

Tanargue. Elle comprend donc deux massifs distincts. Le premier, celui de la rive droite, est assis sur un versant granitique exposé au nord, aux altitudes variant de 700 à 1,258 mètres, et recouvert généralement par un peuplement de hêtres d'âges divers, avec des clairières regarnies d'épicéas et de pins à crochets. Des semis de sapin ont été pratiqués dans ce peuplement pendant une dizaine d'années et ont donné de superbes résultats.

Le plateau du Tanargue et le versant de la rive gauche ont été reboisés en plantations de pins à crochets, semis et plantationa de pins d'Auvergne, plantations de mélèzes, d'épicéas et de sapins.

Le reboisement du plateau du Tanargue, à raison de sa grande altitude, 1,400 à 1,500 mètres, n'a pas donné de résultats bien satisfaisants. Les pins à crochets végètent lentement; en certains endroits ils sont même dépérissants, mais ils suffisent à abriter les sapins qu'on a introduits par voie de semis dans la partie inférieure depuis une dizaine d'années.

Quant au versant, assis comme toute la série sur un sol granitique, il s'abaisse de 1,400 à 760 mètres et comprend sur la partie supérieure des peuplements de pins à crochets et sur la partie moyenne et inférieure des peuplements de pins d'Auvergne de 16 à 30 ans.

Ces peuplements sont de belle venue, couvrent complètement le sol et lui fournissent désormais une armature puissante, contre laquelle viennent se briser les masses d'eau qui tombent périodiquement dans cette région du Tanargue.

La contenance totale actuellement reboisée est de 1,028 hectares. (Planche 3.)

### PÉRIMÈTRE DE CHASSÉZAC.

**Description du bassin. Altitudes.** — Le Chassézac est de beaucoup l'affluent le plus important de l'Ardèche.

D'une longueur totale d'environ 75 kilomètres, il prend nais-

3. Périmètre de l'Ardèche moyenne (Ardèche). Série de Valgorge.
Plantation de pin sylvestre de 12 ans.

4. Périmètre de Chassézac (Ardèche). Série de Montselgues.
Plantation de pin sylvestre de 14 ans.

## PÉRIMÈTRE DE L'ALLIER.

**Description du bassin. Altitudes.** — L'Allier est l'affluent le plus important de la Loire dans son cours supérieur. Il prend sa source dans les schistes granitiques de la forêt de Mercoire, département de la Lozère, à l'altitude de 1,423 mètres, coule de l'ouest à l'est jusqu'au village de la Bastide (commune de Laveyrune), où il atteint le département de l'Ardèche, se dirige de là du sud au nord, en formant jusqu'à Langogne la limite des départements de l'Ardèche et de la Lozère, sur une longueur de 15 kilomètres. Il pénètre bientôt après dans le département de la Haute-Loire.

Son confluent avec la Loire à l'aval de Nevers se trouve à l'altitude de 172 mètres, soit à 1,308 mètres au-dessous de ses sources après un parcours d'une longueur de 375 kilomètres. La pente de son lit atteint par suite près 0 m. 004 par mètre. Il rentre donc dans la catégorie des rivières torrentielles, et la variation énorme de son débit, qui passe de 25 mètres cubes par seconde aux eaux basses à 4,000 mètres cubes lors des grandes crues, le rend excessivement dangereux.

Limité à l'ouest, sur une longueur de 7 kilomètres par l'Allier, au sud et à l'est par la chaîne des Cévennes, le bassin considéré, dont l'altitude varie de 1,000 à 1,500 mètres est fort accidenté, coupé de nombreuses et étroites vallées, enserré par des versants à pente raide, parfois rocheux et abrupts, sillonné de ravins.

**Conditions géologiques.** — Le gneiss constitue l'unique base minéralogique; il donne par sa désagrégation un sol sans profondeur, froid et imperméable.

**Climat.** — Le climat se rapproche de celui du Plateau central, l'hiver est de longue durée et très rude; la neige tombe dès le mois de novembre, souvent plus tôt, et séjourne jusqu'en avril; les vents



IMPRIMERIE NATIONALE.

soufflent avec impétuosité dans toutes les directions et forment d'immenses amas de neige ayant plusieurs mètres d'épaisseur.

Les pluies sont fréquentes et atteignent à certaines époques de l'année une intensité extraordinaire. La hauteur annuelle moyenne est d'environ 1 m. 60. Cette région très rapprochée de celle du Tanargue subit les mêmes accidents météorologiques.

**Productions.** — Les habitants, peu nombreux d'ailleurs, de cette contrée ne récoltent que du seigle, de l'avoine, des pommes de terre et du foin, ce dernier en assez grande quantité, car les prairies sont étendues et productives au fond des vallées.

Les bois de toute nature sont de minime importance et comme pour les périmètres précédents la presque totalité des versants est abandonnée au pacage des bêtes à laine.

**Situation administrative. Contenance. Population.** Ce bassin est entièrement situé dans l'arrondissement de Largentière.

Il a une superficie de 17,447 hectares pour une population de 4,886 habitants répartis sur 8 communes.

**État de dégradation du sol.** — Quant à l'état de dégradation du sol, on ne peut que se reporter au périmètre de l'Ardèche supérieure, où cette question a été traitée avec les développements nécessaires car les deux situations sont identiques.

**Composition et contenance du périmètre.** — Le périmètre de l'Allier a été constitué par une loi du 14 août 1906.

Sa contenance est de 977h 41a 62c; elle est en entier à acquérir.

Il comprend les deux séries suivantes :

| | |
|---|---|
| Saint-Étienne-de-Ludgarès | 751h 40a 80c |
| Laveyrune | 226 00 81 |
| TOTAL | 977 41 62 |

**Travaux.** — La restauration des terrains, après leur acquisition, sera entreprise uniquement au moyen de travaux de reboisement.

## PÉRIMÈTRE DE L'ÉRIEUX.

**Description du bassin. Altitudes.** — L'Érieux prend sa source un peu en dessous de Devesset, sur le plateau de Saint-Agrève, à l'altitude de 1,100 mètres. Il coule d'abord dans la direction du nord au sud, jusqu'à Saint-Martin-de-Valamas, puis se dirige vers l'est pour se jeter dans le Rhône après un parcours de 68 kilomètres, à la cote 95 mètres, un peu au-dessus de la Voulte-sur-Rhône.

Au-dessous de Saint-Agrève, cette rivière s'engage dans une gorge fort resserrée entre des versants abrupts et escarpés. Vers Saint-Martin-de-Valamas la vallée s'élargit un peu sur la rive droite, puis elle se rétrécit encore jusqu'au Cheylard, où de nouveau elle s'ouvre un peu; en aval de cette ville elle est derechef encaissée entre des berges rocheuses, à pentes raides et ce n'est que vers Saint-Sauveur-de-Montagut que la vallée s'élargit, à mesure que les montagnes qui l'enserrent s'abaissent, mais le pied de celles-ci n'est jamais très éloigné des rives du cours d'eau.

La pente générale de l'Érieux est de 1.50 p. 100.

Il reçoit, sur sa rive droite, de nombreux affluents dont les principaux sont la Rimaude, la Saliouse, l'Eysse, la Dorne, le Talaron, la Glueyne et l'Auzeanne.

Les affluents de gauche sont très nombreux, mais ils n'ont en en général qu'un très faible développement.

Tous les cours d'eau coulent dans des vallées profondément encaissées et séparées les unes des autres par des ramifications fort élevées détachées soit de la chaîne du Coiron ou de ses contreforts, soit des montagnes qui bornent l'Erieux sur sa rive droite.

La plus grande altitude (1,754 m.) est celle du Mézenc et la plus faible (95 m.) celle du confluent de l'Érieux et du Rhône.

**Conditions géologiques.** — Le bassin de l'Érieux est constitué par des gneiss, des micaschites, des granites. Dans la zone qui rayonne autour du Mézenc et le long de la chaîne du Coiron se sont fait jour des basaltes, des phonolithes (Mézenc, Gerbier-des-Joncs, Suc-de-Sava, rocher de Raphaël, etc.) et parfois des trachytes (rochers des Pradoux); nombreux sont les revêtements de basalte dont les coulées forment parfois de puissantes falaises (canton de la Comtacarre, plateau de Saint-Clément terminé vers le sud-est par des murailles de basalte).

Sur la rive droite de l'Érieux et dans le territoire de la commune de la Voulte, on trouve les terrains calcaires de l'oxfordien mais sur une faible étendue.

**Climat.** — Le climat varie beaucoup dans un bassin aussi accidenté et aussi étendu que celui de l'Érieux.

Dans la zone supérieure la neige tombe en abandance dès la fin d'octobre ou dans le courant de novembre et persiste jusque vers la fin d'avril ou le milieu de mai. En été des orages d'une extrême violence éclatent fréquemment dans les régions élevées.

Dans le fond des vallées du bassin supérieur le climat est moins rigoureux naturellement, mais il n'est tempéré qu'à partir de Saint-Martin-de-Valamas. Enfin dans la partie inférieure du bassin entre les Ollières et la Voulte, le climat est doux.

**Productions.** — Dans les hautes régions on récolte les fourrages, le seigle, l'orge, l'avoine, la pomme de terre. Dans la région moyenne outre ces mêmes produits, on cultive le châtaigner et quelques autres arbres fruitiers.

A partir de Saint-Martin-de-Valamas on rencontre un peu de vigne et quelques mûriers, l'un et l'autre occupant de plus grands espaces à mesure que l'on descend vers le Rhône. A partir des Ollières on cultive les primeurs, les pêchers qui donnent de très beaux fruits, tous les fruitiers, la vigne et le mûrier.

**Situation administrative. Contenance. Population.** — Le bassin de l'Érieux s'étend sur une partie des arrondissements de Privas et de Tournon.

Sa contenance est de 82,700 hectares et sa population de 50,275 habitants.

**État de dégradation du sol.** — Les quelques lambeaux ou bouquets de hêtre ou de sapin à l'état pur ou en mélange, que l'on rencontre encore sur les sommets élevés ou sur le haut des versants, paraissent être les derniers vestiges d'une végétation forestière florissante qui abritait sous son couvert et protégeait toutes les cimes, les plateaux et les pentes escarpées, contre l'action des eaux.

A la suite des exploitations excessives, l'introduction du bétail et surtout le parcours des moutons et des chèvres dans les coupes à blanc, ont fait disparaître le recru ou entravé la végétation, dans les parties encore boisées, respectées par la hache du bûcheron.

A ces causes de dégradation, il faut ajouter la pratique désastreuse des écobuages et de la culture temporaire du sol sur des versants fortement inclinés. Les habitants, pour récolter un peu de seigle ou d'avoine, dégazonnent le sol, procèdent à l'extraction des bruyères, des genêts, des airelles myrtilles, enflamment les matériaux dès qu'ils sont secs, puis répandent les cendres sur la terre ainsi dénudée, la mettent en culture et l'ensemencent.

Cette coutume, qui a dû causer jadis de nombreux incendies de forêts, a pour effet de dessécher et d'ameublir la terre. S'il survient alors une pluie d'orage, le sol que rien ne protège plus est raviné et les matériaux détritiques entraînés par les eaux sont emportés dans les ruisseaux et de là dans l'Érieux, dont les crues sont particulièrement dangereuses.

**Composition et contenance du périmètre.** — Le périmètre de l'Érieux, constitué par une loi du 14 août 1906, renferme dix-sept séries :

Sa contenance est de 2,826h 94a 20c; 1,083h 50a 51c sont actuellement la propriété de l'État.

L'étendue de chaque série est indiquée ci-après :

| | | | |
|---|---|---|---|
| Saint-Julien-Boutières | 72h | 23a | 67c |
| Borée | 449 | 67 | 35 |
| La Rochette | 251 | 48 | 91 |
| Arcens | 49 | 12 | 65 |
| Saint-Clément | 262 | 72 | 16 |
| Chanéac | 257 | 60 | 38 |
| La Chapelle-sous-Chanéac | 74 | 01 | 55 |
| Saint-Martial | 356 | 24 | 21 |
| Saint-Andéol-de-Fourchades | 316 | 90 | 47 |
| Lachamp-Raphaël | 44 | 47 | 39 |
| Dornas | 284 | 90 | 44 |
| Mariac | 127 | 87 | 57 |
| Accons | 70 | 03 | 92 |
| Le Cheylard | 10 | 76 | 20 |
| Saint-Genest-Lachamp | 35 | 36 | 40 |
| Marcols | 161 | 70 | 55 |
| Saint-Julien-du-Gua | 4 | 80 | 38 |
| TOTAL | 2,826 | 94 | 20 |

**Travaux.** — Les travaux entrepris ont eu pour objet de rétablir la forêt sur tous les terrains dégradés et ruinés par le passage des eaux et les incursions du bétail.

Les essences utilisées sont le pin à crochets, le pin sylvestre, l'épicéa, et le sapin en petite quantité.

Aux altitudes comprises entre 600 et 900 mètres, le pin sylvestre a été employé avec succès, à toutes les expositions; l'épicéa, entre 800 et 1,200 mètres, a toujours prospéré surtout aux expositions fraîches; enfin le pin à crochets a été utilement planté dans les parties non abritées entre 1,000 et 1,500 mètres. Les plantations de sapin effectuées dans quelques reboisements de pin et d'épicéas et sous le couvert de ces essences ont donné d'excellents résultats à des altitudes variant entre 1,000 et 1,200 mètres aux expositions du nord et du nord-ouest. Il n'est pas probable que, comme le pin sylvestre ou l'épicéa, le pin à crochets puisse se maintenir pendant une longue suite d'années, mais les plantations de cette essence constituent un abri protecteur à l'aide duquel on pourra introduire l'épicéa et le sapin.

Les peuplements les plus anciens sont âgés de 40 à 45 ans.

La contenance totale actuellement reboisée est de 1,069 hectares.

## PÉRIMÈTRE DU MIALAN.

**Description du bassin. Altitudes.** — La source du Mialan se trouve vers 680 mètres d'altitude au col de la Croix-Saint-André, sur le territoire de Boffres. Il coule d'abord à l'est, puis, refoulé par la colline de Crussol, il se dirige vers le nord et de nouveau vers l'est pour se jeter dans le Rhône, un peu en amont de Valence, mais sur la rive opposée à 106 mètres d'altitude, après un parcours de 18 kilomètres environ.

La pente moyenne du Mialan est de 3.19 p. 100.

Entre sa source et le point où le Mialan reçoit le torrent de Gergne (156 m. d'altitude), la pente est de 4.36 p. 100. Dans cette portion de son cours, le lit de la rivière est étroit et profondément encaissé. Le Mialan coule ensuite dans une vallée de 500 à 600 mètres de largeur. La pente est alors inférieure à 1 centimètre par mètre ($0^{m}0083$) et le courant divague sur un lit très large, malgré les épis, plantations d'arbres et travaux divers de défense établis dans le but de réduire le lit à des proportions moindres. Aux abords de Saint-Péray, les berges sont basses et mal protégées par des murs de soutènement souvent détruits par les eaux.

Le bassin du Mialan forme un cirque circonscrit au nord et à l'ouest par un contrefort détaché du sud de la chaîne des Boutières, et qui s'étend jusqu'au Rhône, au sud, par des collines issues du contrefort ci-dessus, à l'est par la colline de Crussol.

Les versants s'élèvent en pente douce vers le sud et l'ouest, en pente rapide vers l'est et en pente escarpée vers le nord.

Tous ces versants, sauf ceux de Crussol, à l'est, sont sillonnés de ravins nombreux.

Les affluents de droite sont peu développés; sur la rive gauche, le plus important est le ruisseau de Gergne, grossi du Travalon.

La rivière de Gergne prend naissance sur le territoire de la commune d'Alboussière, vers 650 mètres d'altitude. Elle se jette dans le Mialan après un parcours de 9 kilomètres environ. La pente est en moyenne de 55 millimètres par mètre.

Le Travalon dont la source se trouve à la limite des communes de Saint-Peray et de Champis, vers 550 mètres d'altitude, se jette dans le ruisseau de Gergne à 285 mètres après un parcours de 3 kilom. 500 environ, soit avec une pente moyenne de 7.6 p. 100.

Le lit du Travalon est étroit et profondément encaissé entre des berges rocheuses en pente abrupte. Il est coupé de cascades formées par l'amoncellement des blocs de rochers ou par des seuils de granite qui ont résisté à l'action des eaux.

Il en est de même du ruisseau de Gergne. Toutefois le lit de ce dernier s'élargit et coule dans une vallée large de 200 mètres environ, à partir du hameau de Chêne et jusqu'au confluent avec le Mialan.

L'altitude maxima (791 m.) est celle du sommet de Parpaillon et l'altitude minima (106 m.) celle du confluent du Mialan et du Rhône.

**Conditions géologiques.** — Au nord et à l'ouest du bassin, le sol est composé essentiellement de granite désagrégé.

La colline de Crussol et les collines au sud appartiennent au jurassique supérieur.

Entre la chaîne granitique et les collines calcaires il existe un énorme dépôt d'alluvion qui s'élève contre les pentes à l'est et au sud, jusqu'à 250 ou 300 mètres d'altitude, et qui repose sur un lit de marnes calcaires. Ces alluvions sont formées d'un mélange de sables renfermant des débris de roches granitiques et calcaires et de nombreux fragments de molasse friable. On trouve en outre des bancs de grès quartzeux sur le versant de la colline de Crussol.

**Climat.** — Le climat est tempéré dans la partie inférieure du bassin, froid, mais non rigoureux sur les sommets, où la neige tombe en quantité moyenne et séjourne peu de temps.

Les orages sont peu fréquents, mais pendant la période des pluies, de février à avril et d'octobre à décembre, les précipitations atmosphériques sont abondantes et entraînent la crue des cours d'eau.

**Productions.** — Les granites du bassin de Mialan renferment une forte proportion de feldspath. Les sols qui en proviennent sont fertiles et produisent des céréales en abondance.

Les terrains calcaires ont une moindre valeur. Quant aux terrains d'alluvion, ils sont pierreux, arides et de qualité médiocre. Ils produisent des céréales. On y rencontre aussi quelques maigres vignobles.

Ces cultures sont entremêlées de lambeaux de taillis de chêne rouvre et de chêne vert, de quelques bois de pins sylvestres rabougris et de landes dénudées.

Les versants de la colline de Crussol sont en général incultes, sauf dans quelques parties où la pente est moins forte ou dans le fond d'anciens ravins.

Les pentes des contreforts granitiques sont généralement boisées en chênes rouvres ou en pins sylvestres rabougris. Mais il existe de nombreuses parcelles dénudées ou couvertes seulement de bruyères, genêts, genévriers avec pieds isolés de chêne rouvre et quelques bouquets de chêne vert dans les parties exposées au Sud. Il y a peu de châtaigniers.

La vigne et le mûrier sont cultivés dans la plaine et dans les versants peu élevés et exposés au soleil, ainsi que les divers arbres fruitiers.

**Situation administrative. Contenance. Population.** — Le bassin de Mialan est situé dans l'arrondissement de Tournon.

Sa contenance est de 8,985 hectares et sa population de 8,800 habitants.

**État de dégradation du sol.** — Les versants de la colline de Crussol et des collines calcaires situées au sud du bassin sont en général dépourvus de végétation et couverts, sur certains points, par des éboulis rocheux. Mais ces versants fournissent peu de matériaux de transport parce que l'eau de pluie pénètre en grande partie dans la couche superficielle ou dans les fissures de la roche.

Dans le cours supérieur de la rivière du Mialan et du ruisseau de Gergne, le sol est en grande partie couvert par des prés et des bois. Mais il n'en est pas de même dans la partie centrale du bassin où il existe des dépôts d'alluvions. Dans ce terrain très divisé et très meuble, il naît un ravin dès que le sol est mis en culture et que la pente dépasse 15 p. 100. Aussi les déchirures et les érosions y sont-elles nombreuses. Prises chacune à part elles ont peu d'importance, mais, dans leur ensemble, elles fournissent presque toute la masse des matériaux de transport du Mialan.

Il n'a pas été possible de les colloquer dans le périmètre de restauration parce qu'elles sont cultivées en céréales ou en vignobles, qu'elles forment des massifs peu étendus mais très nombreux disséminés au milieu de terrains non dégradés et que la pente du sol est en général faible sauf dans les berges des ravins.

Dans les versants dénudés du ruisseau de Gergne et de son affluent le Travalon, l'état de dégradation n'est pas très avancé.

La roche granitique s'effrite bien, mais cette décomposition est lente et ne fournit pas de grandes masses de matériaux.

En temps de pluie ou d'orage, après un premier lavage qui

entraîne les poussières et les débris terreux produits depuis la dernière condensation atmosphérique, c'est surtout de l'eau qui coule dans les ravins. Toutefois, par suite de la dénudation du sol, les eaux glissent sur les pentes sans s'infiltrer dans le sol et se concentrent rapidement dans les ravins. La réunion de ces derniers dans le ruisseau de Gergne donne une masse d'eau importante qui gagne le Mialan où elle accélère la descente des matériaux arrachés aux terrains d'alluvion.

Le reboisement des parties comprises dans le périmètre aura pour effet de réduire sensiblement la quantité de l'eau coulant, en temps d'orage ou de pluie dans le Mialan, mais il ne diminuera pas ou presque pas la quantité des matériaux de transport, ceux-ci provenant d'une autre partie du bassin qui ne peut pas être comprise dans le périmètre.

**Composition et contenance du périmètre.** — Le périmètre du Mialan, constitué par une loi du 1er août 1901, ne comprend qu'une seule série, celle de Saint-Péray, dont la contenance est de 184h 61a 92c.

**Travaux.** — Les travaux à exécuter auront pour but de rétablir la forêt dans les terrains périmétrés afin de maintenir les terres sur les pentes, de faciliter l'infiltration de l'eau dans le sol et d'en ralentir l'écoulement.

Aucun travail de correction ne sera nécessaire.

Les travaux forestiers ne peuvent pas être commencés parce que jusqu'ici aucun des propriétaires des parcelles périmétrées ne s'est encore décidé à les céder amiablement à l'État.

## PÉRIMÈTRE DE L'OUVÈZE.

**Description du bassin. Altitudes.** — Le périmètre de l'Ouvèze est compris dans le bassin supérieur du cours d'eau de ce nom, qui a son origine au col formé par la Roche de Gourdon à l'ouest et la Roche Suzon à l'est.

L'Ouvèze coule de l'ouest à l'est jusqu'à Saint-Priest, incline ensuite un peu au nord pour se diriger finalement à l'est jusqu'à sa jonction avec le Rhône. Elle sort du bassin supérieur un peu au-dessous de Privas, après avoir reçu de nombreux cours d'eau et ravins dont les principaux sont : à droite, le Cardenet, le Brouzas, le Brudon et le Verdus, et à gauche, le Vaumale et le Mezayon.

Son développement total est approximativement de 28 kilomètres dont 14 dans le bassin supérieur.

Dans cette portion de son cours, l'Ouvèze a le caractère d'un torrent. Presque à sec pendant une partie de l'année, cette rivière est sujette à des crues subites et de courtes durées.

La pente moyenne est de 5.75 p. 100, elle atteint son minimum, soit 3.60 p. 100, entre les points de jonction des ruisseaux de Vaumale et du Mezayon. Au-dessus du confluent du ruisseau de Vaumale, on arrive au maximum avec une inclinaison de 6.28 p. 100.

Sauf dans la partie supérieure de son cours, où elle traverse des terrains solides, l'Ouvèze affouille dans le surplus.

L'altitude maxima (1,061 m.) est celle de la Roche de Gourdon et l'altitude minima (180 m.) celle de l'Ouvèze à sa sortie du bassin supérieur.

**Conditions géologiques.** — Dans le bassin du Mézaillon on trouve, sur une assez grande étendue, des granites et des micaschistes. Les deux tiers de la partie supérieure de ce bassin sont constitués par des grès infraliasiques qui s'étendent aussi dans le haut du bassin de l'Ouvèze. Cette formation, composée surtout de grès avec calcaires et de marnes en couches minces, constitue un terrain peu sujet aux érosions.

L'étage de l'oxfordien est assez étendu, surtout sur la rive gauche de l'Ouvèze. Il comprend à la base une couche de marnes grises feuilletées, une couche moyenne de calcaires plus ou moins marneux, alternant avec des marnes argileuses et sur quelques points une couche de calcaires gris bleu.

Sur le versant sud de la montagne de Chavaix, au-dessus de la route nationale n° 104 près de Maisonneuve, il existe un dépôt de conglomérats, de lignites et de grès de l'époque tertiaire.

La ligne de faîte du Coiron et les contreforts qui s'en détachent sont recouverts d'une couche presque ininterrompue de roches volcaniques, cendres agglutinées et basaltes.

**Climat.** — Sur les sommets et sur le plateau du Coiron, le climat est froid.

La neige y tombe en abondance, mais y séjourne rarement au delà de deux mois.

Le vent du nord y souffle fréquemment et avec violence, de telle sorte qu'il dénude rapidement les terrains non abrités.

De nombreuses haies d'arbres et de buis avaient été établies autrefois pour préserver les chemins et les cultures contre les atteintes du vent, mais peu à peu les bois ont été exploités et n'ont pas été remplacés.

Sur les versants et dans les vallées, le climat est doux et les vents moins violents. La neige y persiste peu.

En été les orages sont assez fréquents, accompagnés souvent de grêle.

Pendant les périodes de pluie (d'octobre à décembre et de février à avril), les précipitations atmosphériques sont abondantes. Celles du printemps accompagnent souvent et hâtent la fonte des neiges sur les hauteurs et provoquent la crue des torrents et des ravins.

**Productions.** — Dans les vallées on rencontre la vigne, le mûrier, le noyer, ainsi que les divers arbres fruitiers; sur les versants granitiques, le châtaignier; sur le plateau, des prairies et de mauvais pâturages.

Les versants en pente rapide sont occupés par des landes plus ou moins ravinées et dégradées et quelques lambeaux de taillis, étêtés de chêne et de broussailles, le tout parcouru par des troupeaux de chèvres et de moutons.

Exceptionnellement dans les vallées du Mezayon et du Chavalon on rencontre des châtaigniers assez bien venants avec quelques bois de chêne, de pin sylvestre, de pin maritime et de pin laricio d'assez bonne venue.

Les terrains propres à la culture produisent des pommes de terre, des céréales, principalement le blé et l'avoine, et des prairies artificielles se trouvent sur les versants et dans la vallée.

**Situation administrative. Contenance. Population.** — Le bassin supérieur de l'Ouvèze est situé dans l'arrondissement et le canton de Privas.

Sa contenance est de 6,455 hectares et sa population de 12,100 habitants environ.

**État de dégradation du sol.** — Dans la vallée de l'Ouvèze, les masses de l'oxfordien forment un sol très affouillable.

Ces terrains sont ravinés et dégradés sur tous les versants où il n'existe pas une couverture végétale suffisante.

Dans la commune de Saint-Priest les ravins sont nombreux mais ils sont peu profonds, parce que, étant rapprochés les uns des autres, le décapement des crêtes qui les séparent se produit en même temps que l'affouillement de leurs lits.

Le mélange des marnes grises feuilletées ou argileuses et de calcaires friables qui constituent les versants du Coiron et du Mont-Charaix forment une masse peu consistante.

Les calcaires se désagrègent aisément sous l'influence de la pluie à laquelle succède une forte gelée, ou s'effritent lentement sous l'action de la chaleur. Quant aux marnes et à l'argile, elles se transforment en boue dès qu'elles sont en contact prolongé avec l'eau.

Ces accidents sont dus à la nature du sol, mais ils ne se produiraient pas si la couverture boisée qui la protégeait n'avait pas disparu.

Tous ces versants aujourd'hui ravinés étaient jadis boisés et ont été dénudés par des exploitations abusives et le parcours incessant du menu bétail.

**Composition et contenance du périmètre.** — Le périmètre de l'Ouvèze, constitué par une loi du 1er août 1901, ne comprend qu'une seule série, celle de Saint-Priest, dont la contenance est de 476h 69a 40c, dont 54h 58a 53c sont la propriété de l'État.

**Travaux.** — Les travaux prévus sont purement forestiers.

Ils ont pour objet de rétablir la forêt afin de supprimer les causes d'érosion, d'empêcher le développement des ravins en formation, d'éteindre ceux en activité et de maintenir les terres sur les pentes.

Il n'y aura pas de correction proprement dite de torrents à exécuter, la régularisation de leurs profils en long et en travers devant résulter de la suppression des causes qui ont contribué à leur formation.

Jusqu'ici les travaux de plantation n'ont porté que sur une étendue de 24 hectares, reboisés en pins noirs d'Autriche et pins sylvestres.

## PÉRIMÈTRE DE L'OUVÈZE INFÉRIEURE.

**Description du bassin. Altitudes.** — Le périmètre de l'Ouvèze inférieure est compris dans la partie du bassin de ce cours d'eau qui va de l'embouchure du Mezayon, son principal affluent de gauche, à sa jonction avec le Rhône.

Ce bassin comprend une partie aussi du versant de la rive gauche du Mezayon.

L'Ouvèze a un développement total de 28 kilomètres environ, dont 14 kilomètres dans son bassin inférieur.

Dans cette dernière partie de son cours, cette rivière coule d'abord en amont du village de Coux, dans une sorte de chenal formé par des murailles rocheuses. La vallée en dessous de Coux s'élargit sur la rive gauche de l'Ouvèze, dont le bord droit baigne fréquemment le pied de la chaîne des Grads. Un peu en amont du Pouzin, vers les Ponts du Pouzin, la vallée se resserre de nouveau.

Le volume d'eau est faible en temps normal, presque nul en été, mais les orages provoquent des crues soudaines, souvent très fortes, à la suite desquelles le courant est souvent déplacé.

La pente moyenne est d'environ 6 millimètres par mètre.

La vallée de l'Ouvèze inférieure s'étend entre un contrefort du Coiron, qui se détache de la chaîne principale à la roche de Gourdon (rive gauche) et une colline, celle des Grads, située entre le col de la Plaine du Lac et le Rhône (rive droite).

Les affluents de droite de l'Ouvèze ne sont que des ravins à affouillement de peu de longueur; le principal affluent de gauche est le Mezayon.

Le Mezayon, qui a un développement de 13 kilomètres, prend naissance sur le versant nord du Coiron, au pied de la Roche de Gourdon.

Son lit est étroit et encaissé entre des berges généralement boisées, hautes et escarpées.

Sa pente moyenne est d'environ 5 p. 100.

L'altitude maxima (830 m.) est celle du sommet de Beaumas et l'altitude minima (90 m.) celle de l'Ouvèze à sa jonction avec le Rhône.

**Conditions géologiques.** — Sur la rive droite de l'Ouvèze, le sol appartient à l'étage oxfordien, représenté à la base par des marnes grises feuilletées, dans la partie moyenne par des calcaires plus ou moins marneux, alternant avec des marnes argileuses, et dans l'assise supérieure par des calcaires compacts.

On trouve à Port-Mahon, dans la commune de Flaviac, près de l'Ouvèze, une nappe basaltique de faible étendue.

Sur la rive gauche de l'Ouvèze, l'oxfordien s'appuie sur les calcaires de l'étage bajocien qui le séparent des micaschistes et des granites.

Le surplus du versant de la rive gauche du Mezayon est constitué par des granites et des micaschistes sur lesquels reposent les grès du trias.

**Climat.** — Le climat est froid, mais non rigoureux, sur les hauteurs qui séparent le bassin de l'Ouvèze de celui de l'Erieux. La neige y tombe en petite quantité et y séjourne rarement au delà d'un mois.

Il est doux dans le reste du bassin.

Dans la vallée de l'Ouvèze, les orages sont assez fréquents et généralement violents. Ils sont quelquefois accompagnés de grêle.

Pendant la saison des pluies, de février à avril et d'octobre à décembre, les précipitations atmosphériques sont abondantes et entraînent les crues des ravins et des torrents.

**Productions.** — Sur le versant de la rive gauche, on cultive la vigne, le mûrier, les arbres fruitiers, le noyer et les diverses céréales dans les parties inférieure et moyenne. Le haut est occupé par le châtaignier, les céréales, des prairies naturelles, des pâturages avec des bois de pins sylvestres et de chêne rouvre en assez bon état.

Le versant de la rive droite comprend surtout des terrains arides et dénudés entrecoupés de mauvais taillis de chênes rouvres étêtés, le tout parcouru par des troupeaux de moutons et de chèvres.

**Situation administrative. Contenance. Population.** —



IMPRIMERIE NATIONALE.

Le bassin de l'Ouvèze inférieure est situé dans l'arrondissement de Privas.

Sa contenance est de 8,935 hectares et sa population de 7,710 habitants environ.

**État de dégradation du sol.** — Le versant de la rive gauche de l'Ouvèze présente au sommet des terrains solides, non sujets à dislocation. Dans les parties moyenne et inférieure, la pente est douce et l'action des eaux se fait peu sentir, bien que le sol soit de nature peu résistante.

Il en est tout autrement dans le versant très accidenté des Grads, qui domine la rive gauche de l'Ouvèze, où, entre Coux et le Pouzin, le sol est dégradé et déchiré sur tous les points où il n'existe pas une couverture végétale suffisante.

Les calcaires friables et les marnes de l'oxfordien forment un ensemble peu consistant. Les calcaires se désagrègent aisément sous l'influence de la pluie, à laquelle succède une forte gelée, suivie ensuite du dégel, ou s'effritent lentement sous l'action de la chaleur.

Quant aux marnes, elles se transforment en boue dès qu'elles sont en contact prolongé avec l'eau.

Lorsque les ravinements atteignent le pied des bancs de calcaire, ceux-ci, n'étant plus soutenus à leur base, se disloquent et fournissent des matériaux qui roulent sur les pentes.

Tous ces accidents tiennent sans doute à la nature du sol, mais ils auraient été évités si la couverture boisée qui recouvrait ces pentes avait été respectée.

**Composition et contenance du périmètre.** — Le périmètre de l'Ouvèze inférieure, constitué par une loi du 1er août 1901, comprend six séries.

Sa contenance est de 485h 22a 75c, dont 147h 62a 82c appartiennent déjà à l'État.

L'étendue des séries est indiquée ci-dessous :

| | |
|---|---|
| Coux | 146h 55a 00c |
| Flaviac | 139 50 26 |
| Saint-Julien-en-Saint-Alban | 89 03 72 |
| Saint-Symphorien | 21 06 42 |
| Rompon | 53 54 78 |
| Le Pouzin | 35 52 57 |
| TOTAL | 485 22 75 |

**Travaux.** — Les travaux prévus ont pour objet de rétablir la forêt dans les terrains périmétrés, afin de supprimer les causes d'érosions, d'empêcher le développement des ravins en formation, d'éteindre ceux en activité et de maintenir les terres sur les pentes. Ils ne comprennent que des travaux forestiers consistant en plantations de chêne rouvre et de pin noir.

La contenance déjà reboisée est de 74 hectares.

## PÉRIMÈTRE DE LA PAYRE.

**Description du bassin. Altitudes.** — La Payre descend du versant nord-est du Coiron dans lequel elle prend naissance et qu'elle entaille profondément.

Elle coule d'abord à l'est jusqu'à Rochessauve, puis au nord-est jusqu'au confluent de l'Auzon, à partir duquel elle se dirige ensuite à l'est jusqu'au Rhône. Son embouchure est située à 3 kilomètres environ en aval du Pouzin.

Le cours de la Payre a une longueur de 22 kilomètres environ.

Sa pente moyenne entre la source et l'embouchure est de 3 p. 100.

Jusqu'au hameau de Champ-la-Lioure, commune de Chomérac, le lit de la Payre est encaissé entre de hautes berges, continuées par des versants qui aboutissent au pied des falaises à pic du Coiron Dans cette section, le courant affouille longitudinalement et latéralement. A partir de Champ-la-Lioure, le lit et la vallée de Payre s'élargissent, l'affouillement longitudinal cesse, les eaux divaguent et déposent des matériaux.

Les affluents de la Payre sont, sur la rive droite, le ruisseau de Charavanne ou d'Auzon, et à gauche le ruisseau de Véronne.

Les ravins qui descendent du versant oriental des hauteurs de Cruas et de Baix et se jettent directement au Rhône ont été rattachés au bassin de la Payre. Les principaux sont ceux de Notre-Dame, Sainte-Euphémie, Sichier, Ferrand et Levaton.

L'altitude maxima (839 m.) est celle du sommet de Combe-Chaude et l'altitude minima (90 m.) celle de l'embouchure de la Payre.

**Conditions géologiques.** — Sur la rive gauche de la Payre et sur celle de son affluent, le ruisseau de Véronne, le terrain appartient à l'étage oxfordien. Il comprend une assise de calcaire compact de couleur gris bleuâtre et une assise de calcaire gris clair qui fournit le marbre commun connu sous le nom de pierre de Chomérac. Ces assises ont une grande épaisseur et forment le couronnement de l'étage oxfordien. Elles constituent les versants connus dans le pays sous le nom de Grads.

Ces calcaires sont coupés de fissures remplies de terre argileuse d'une grande fertilité.

Cette formation déborde plus ou moins sur la rive droite du ruisseau de Véronne, entre la source de ce cours d'eau et son embouchure. Elle est recouverte dans le surplus du bassin par les assises inférieures du néocomien.

Ce dernier est représenté par des calcaires gris bruns ou noirs et des marnes plus ou moins argileuses.

Le néocomien est dominé par des cendres volcaniques agglutinées et par la nappe de basalte qui forme le revêtement de la chaîne du Coiron. En dehors de cette chaîne, on trouve le basalte sur le sommet de Chamaras et sur la montagne d'Andance.

Au Grand Faÿs, dans la commune de Saint-Vincent-de-Barrès, le néocomien est surmonté par des argiles mélangées de craies marneuses, parmi lesquelles on rencontre des silex assez abondants.

**Climat.** — Le climat est froid, mais non rigoureux, sur le plateau du Coiron et sur les autres sommets. La neige y tombe en quantité moyenne et y séjourne rarement au delà d'un ou deux mois.

Il est doux dans le surplus du bassin.

Les orages sont fréquents et généralement violents; ils sont souvent accompagnés de grêle.

Pendant la période des pluies, de février à avril et d'octobre à décembre, les précipitations atmosphériques sont abondantes et entraînent la crue des ravins et torrents.

**Productions.** — Dans les terrains calcaires, on cultive la vigne, le mûrier, les noyers, tous les fruitiers, les céréales diverses avec quelques prairies artificielles; dans les terrains volcaniques, les céréales, les prairies naturelles et artificielles et le châtaignier.

Les versants en pente rapide, surtout ceux de nature calcaire, renferment beaucoup de terrains arides et dénudés entremêlés de lambeaux de taillis de chêne, qui servent de pâturage aux troupeaux de chèvres et de moutons.

**Situation administrative. Contenance. Population.** — Le bassin de la Payre est situé dans l'arrondissement de Privas.

Sa contenance est de 14,250 hectares et sa population de 8,580 habitants environ.

**État de dégradation du sol.** — Le bassin du ruisseau de Véronne et la partie inférieure du cours de la Payre, à partir du confluent de la Véronne, sont situés dans des terrains peu ou point affouillables, où il ne se produit pas d'érosions.

Dans la partie inférieure du bassin de l'Auzon, il n'y a que des érosions de peu d'importance, à cause de la faible pente du sol.

Mais, dans les bassins supérieurs de la Payre et de l'Auzon, ainsi qu'en tête des ravins qui se jettent directement au Rhône, il existe de nombreuses déchirures, dont quelques-unes, importantes et dangereuses, ont été comprises dans le périmètre de restauration.

L'origine des ravins et déchirures est due à diverses causes :

Le plateau du Coiron est assez accidenté et on y rencontre de nombreux plis de terrains formant cuvettes. L'eau des pluies ou provenant de la fonte des neiges se ramasse dans ces dépressions. Lorsque le sous-sol est imperméable, il se forme à la surface une mare ou un marais fangeux; mais lorsque la dépression correspond à une cassure de la roche volcanique, l'eau s'écoule d'une manière continue, et si la cuvette est rapprochée du bord de la falaise ou si l'inclinaison de la roche sous-jacente est favorable, il se produit des poches de glissement dans les versants, au-dessous des basaltes. La falaise, cessant d'être soutenue, se rompt et s'écroule.

Des accidents de cette nature existent près de Rochessauve et de Saint-Bauzile et dans le ravin de Duzilhac, séries de Berzème et de Rochessauve.

Les calcaires sont plus ou moins résistants, mais en général ils se délitent en lamelles qui glissent sur les pentes comme dans les berges des ravins de Sainte-Euphémie, Sichier, Ferrand et Levaton.

Sous l'influence de la chaleur et du froid, les marnes se désagrègent en menues particules. Lorsqu'elles sont imbibées d'eau, elles se transforment en boues.

Ces dégradations tiennent à la nature du sol, mais elles ne se produiraient pas si les habitants avaient respecté la couverture ligneuse qui le protégeait. Il est certain que tous les versants ravinés aujourd'hui étaient autrefois boisés et qu'ils ont été dénudés par suite d'exploitations faites sans mesure et du pâturage continuel des chèvres et des moutons.

Les crues de la Payre sont très fortes; les eaux ne trouvent pas toujours un écoulement suffisant par le chenal qui les conduit dans la plaine du Rhône et elles débordent sur les propriétés riveraines, en aval de Chomérac.

Ces inondations sont encore aggravées par le fait que l'Auzon jette ses eaux dans la Payre en amont du chenal et presque normalement à la direction du courant, ce qui forme barrage et accentue le gonflement des eaux en amont.

A l'issue du chenal, la Payre a été endiguée pour protéger les cultures situées sur ses rives. Mais les matériaux de transport qui sont incessamment déposés à chaque crue exhaussent sensiblement le lit de la rivière et tendent à recouvrir les digues.

**Composition et contenance du périmètre.** — Le périmètre de la Payre, constitué par une loi du 13 novembre 1906, comprend six séries.

Sa contenance est de $780^h39^a68^c$, dont $391^h40^a64^c$ appartiennent actuellement à l'État.

L'étendue de chaque série est indiquée ci-dessous :

| | |
|---|---|
| Berzème | $22^h\ 36^a\ 72^c$ |
| Rochessauve | 47 37 47 |
| Chomérac | 16 07 89 |
| Saint-Bauzile | 63 25 06 |
| Saint-Vincent-de-Barrès | 561 31 10 |
| Baix | 71 01 44 |
| TOTAL | 780 39 68 |

**Travaux.** — Les travaux à exécuter ont pour but de rétablir la forêt dans les terrains périmétrés.

Aucun travail de correction ne sera nécessaire.

Les essences employées dans les plantations sont le pin sylvestre, le pin noir, le pin laricio des Cévennes et le chêne rouvre.

L'étendue déjà reboisée est de 249 hectares.

## PÉRIMÈTRE DU LAVEZON.

**Description du bassin. Altitudes.** — La rivière du Lavezon prend naissance au col Martin, à l'extrémité orientale du plateau du Coiron, vers la limite des communes de Saint-Pierre-Laroche et de Berzème et dans le territoire de cette dernière commune, à 760 mètres d'altitude.

Elle se dirige du nord-ouest au sud-est et se jette dans le Rhône près de Meysse, à 60 mètres d'altitude, après un parcours de 14 kilomètres environ. Le lit de ce cours d'eau présente des sinuosités nombreuses, mais peu prononcées.

La pente moyenne du Lavezon entre sa source et son embouchure est de 5 p. 100.

Jusqu'au Plan, le lit du Lavezon est étroit et encaissé entre des berges hautes et escarpées. Ces dernières se prolongent par des versants plus ou moins inclinés jusqu'au pied des falaises à pic du Coiron.

Dans cette section, le courant affouille longitudinalement et latéralement.

A partir du Plan, la vallée s'élargit un peu, mais elle est presque entièrement occupée par le lit du cours d'eau, qui divague et dépose des matériaux.

Au point où la vallée du Lavezon débouche dans celle du Rhône, elle a une largeur d'environ 600 mètres.

Les apports du Lavezon ont formé un cône assez étendu dans la vallée du Rhône. Ce cône est occupé en grande partie par des terrains labourables et par des vignes. Deux digues importantes ont été construites, à peu près sur l'arête culminante du dépôt, pour empêcher les eaux de s'étaler dans les cultures.

Le Lavezon a deux affluents importants : le torrent de Rieutord sur la rive gauche et le torrent de Liau sur la rive droite.

Deux autres torrents, l'Aigué et le Chambeyrol, tributaires directs du Rhône, ont été rattachés au bassin du Lavezon.

Ils prennent naissance sur le versant oriental du Coiron. Ils affouillent dans la montagne et déposent des matériaux dans la plaine du Rhône, où ils ont formé des cônes importants.

La pente moyenne de ces torrents est de 9 p. 100 pour le Chambeyrol et de 11.60 p. 100 pour l'Aigué. Leurs lits sont encaissés entre des berges hautes et très ravinées.

L'altitude maxima (760 m.) est celle de la source du Lavezon, et l'altitude minima (60 m.) celle du confluent du Lavezon et du Rhône.

**Conditions géologiques.** — Le bassin du Lavezon est entièrement constitué par les assises inférieures du néocomien, représentées par des calcaires gris, bruns ou noirs et par des marnes plus ou moins argileuses.

Le néocomien est dominé par des argiles brûlées, par des cendres volcaniques agglutinées et par la nappe de basalte qui forme le revêtement de la chaîne du Coiron.

**Climat.** — Le climat est froid, mais non rigoureux, sur le plateau du Coiron et sur les autres sommets. La neige y tombe en quantité moyenne et y séjourne rarement au delà d'un mois.

Il est doux dans le surplus du bassin.

Les orages sont fréquents dans la vallée de Lavezon et généralement violents; ils sont souvent accompagnés de grêle.

Pendant la période des pluies, de février à avril et d'octobre à décembre, les précipitations atmosphériques sont abondantes et entraînent les crues des torrents.

**Productions.** — Dans les terrains calcaires, on cultive la vigne, le mûrier, le noyer, les céréales diverses, avec quelques prairies artificielles; dans les terrains volcaniques, les céréales, les prairies naturelles et artificielles et le châtaignier.

Les versants en pente rapide, surtout ceux de nature calcaire, renferment beaucoup de terrains arides et dénudés entremêlés de lambeaux de taillis étêtés de chêne, qui servent de pâturage aux troupeaux de chèvres et de moutons.

**Situation administrative. Contenance. Population.** — Le bassin du Lavezon est situé dans l'arrondissement de Privas.

Sa contenance est de 6,591 hectares et sa population de 3,660 habitants.

**État de dégradation du sol.** — Près de sa source, le lit du Lavezon est peu encaissé et ne présente pas de traces d'affouillement; ses berges sont peu élevées et garnies de végétation. Mais, à quelques centaines de mètres plus loin, il est profondément creusé, les berges s'exhaussent, deviennent nues et ravinées et le torrent transporte des matériaux.

Cette brusque transformation de régime est due aux apports des ravins qui prennent naissance dans les terrains situés sur la rive droite du Lavezon.

La couche superficielle de ces terrains provient de la désagrégation des cendres et débris volcaniques. Elle est excessivement meuble et repose sur un aggloméral imperméable. Au moment des pluies d'orage, ou, à la suite des pluies persistantes, lorsque la couche superficielle est imbibée, les eaux se rassemblent dans les dépressions, où elles forment des petits ruisseaux et entraînent la terre meuble d'autant plus facilement que les pentes varient de 25 à 50 p. 100.

Quand le courant devient plus fort par la réunion de plusieurs ruisseaux, la masse des débris volcaniques est attaquée et entraînée par quartiers. Sur beaucoup de points, dans le bas des ravins surtout, l'eau pénètre jusqu'aux couches néocomiennes, qu'elle entaille.

Dans la région traversée par les torrents d'Agué et de Chambeyrol et par le cours supérieur du ravin de Freydières et du torrent de Liau, la couche de cendres et débris volcaniques est assez importante.

Elle forme une zone à pente rapide, sillonnée de ravines nombreuses, mais peu profondes, à cause du décapement qui se produit entre chacune d'elles. Cette zone fournit des matériaux abondants.

Le plateau du Coiron est sujet aux accidents décrits dans l'étude relative au périmètre de la Payre.

Ces accidents tiennent à la nature du sol, mais ils ne se produiraient pas si les habitants avaient respecté la couverture ligneuse qui le protégeait.

Aujourd'hui, l'action des eaux s'exerce librement sur les pentes où il n'existe plus d'obstacles et où le sol, constamment dégradé par le piétinement des troupeaux, est chaque jour plus profondément raviné.

Pendant la saison des pluies et en temps d'orage, les matériaux de toutes sortes arrachés à la montagne sont entraînés vers le Lavezon et vers le Rhône.

Les crues du Lavezon, de l'Agué et du Chambeyrol sont très fortes.

Les eaux de ces torrents sont maintenues, dans la plaine, entre des digues, mais les matériaux qui sont incessamment déposés à chaque crue exhaussent le lit de ces trois cours d'eau et tendent à recouvrir les ouvrages de protection.

**Composition et contenance du périmètre.** — La contenance du périmètre du Lavezon, constitué par une loi du 7 août 1910, est de 1,155$^{h}$67$^{a}$25$^{c}$, dont 15$^{h}$60$^{a}$40$^{c}$ sont la propriété de l'État.

Il comprend les cinq séries suivantes :

| | |
|---|---|
| Saint-Pierre-la-Roche | 149h 66a 66c |
| Saint-Martin-le-Supérieur | 244 61 13 |
| Saint-Martin-l'Inférieur | 247 67 48 |
| Meysse | 254 28 96 |
| Rochemaure | 259 42 82 |
| Total | 1,155 67 25 |

**Travaux.** — Les travaux à exécuter auront pour but de rétablir la forêt dans les terrains périmétrés.

Aucun travail de correction ne sera nécessaire. (Planche 5.)

### PÉRIMÈTRE DE L'ESCOUTAY.

**Description générale du bassin.** — L'Escoutay est un cours d'eau torrentiel qui prend naissance dans le massif du Coiron, au-dessous de Berzème, à l'altitude de 760 mètres.

Il coule d'abord dans une gorge étroite, dans la direction du nord au sud, jusqu'au hameau de Lestrade, commune de Saint-Pons. Arrêté alors dans sa marche par le pied du mont Julian, large massif montagneux dont le sommet est à l'altitude de 555 mètres et dont les versants présentent de fortes pentes, il se détourne vers l'est et suit cette direction jusqu'à sa jonction avec le Rhône, au-dessous de Viviers, à 60 mètres d'altitude.

Son développement étant de 22 kilom. 500, sa pente moyenne est ainsi de 0 m. 031 par mètre.

L'Escoutay reçoit sur son parcours les eaux d'un très grand nombre de ravins à fortes pentes.

A la suite des pluies violentes, fréquentes au printemps et en automne, la rivière principale et ses affluents charrient des amas de terre et des débris de roches arrachés aux versants et les déposent dans la vallée inférieure et dans la plaine qui s'étend au pied de Viviers.

5. Périmètre du Lavezon (Ardèche). Série de Meysse. — Lit du Lavezon.

L'étendue totale des dix communes sur le territoire desquelles des travaux seront exécutés est de 27,948 hectares et leur population de 10,680 habitants environ; ces communes sont situées dans l'arrondissement de Privas.

**Composition et contenance du périmètre.** — La contenance du périmètre est de 2,037h 73a 77c, dont 50h 13a 44c sont actuellement la propriété de l'État.

Il comprend les dix séries suivantes :

| | | | |
|---|---|---|---|
| Saint-Jean-le-Centenier | 151h | 82a | 08c |
| Saint-Pons | 204 | 10 | 62 |
| Alba | 281 | 88 | 89 |
| Villeneuve-de-Berg | 100 | 30 | 30 |
| Saint-Andéol-de-Berg | 200 | 86 | 94 |
| Valvignères | 339 | 44 | 71 |
| Saint-Thomé | 107 | 65 | 99 |
| Viviers | 88 | 60 | 14 |
| Saint-Montant | 41 | 56 | 64 |
| Gras | 521 | 47 | 46 |
| TOTAL | 2,037 | 73 | 77 |

**Travaux.** — On n'aura à effectuer dans les terrains périmétrés que des travaux de reboisement consistant en plantations de pins noirs et de pins sylvestres.

## DÉPARTEMENT DE L'AUDE.

### PÉRIMÈTRE DE L'ARGENT-DOUBLE.

**Description du bassin. Altitudes.** — Le bassin de l'Argent-Double a deux aspects très différents, en amont et en aval de Caunes.

En amont de Caunes, il est nettement situé en montagne, limité par des crêtes qui séparent des communes voisines les territoires de celles de Lespinassière, Citou et Caunes; ces crêtes s'élèvent entre 500 et 1,000 mètres. La commune de Lespinassière tout entière forme un vaste entonnoir qui constitue la source et le bassin de réception de l'Argent-Double, dans des schistes et des gneiss; l'Argent-Double traverse ensuite la commune de Citou et parvient jusqu'à Caunes dans un lit creusé à travers des schistes calcaires durs et des calcaires compacts des terrains primaires. Ce lit forme un canal d'écoulement très marqué, dont la pente moyenne est de 0 m. 05 par mètre sur 15 kilomètres de longueur environ.

En aval de Caunes, le bassin de l'Argent-Double est constitué par la grande plaine du Minervois, à l'altitude de 50 à 100 mètres; et les limites qui le séparent des bassins voisins sont à peine marquées; cette plaine est constituée par les apports de l'Argent-Double, dont le cours y a une pente moyenne de 0 m. 0075 par mètre seulement.

Les crêtes qui limitent le bassin en amont de Caunes se maintiennent entre 700 et 1,000 mètres; le point culminant, situé au nord-est, est à 1,022 mètres. Près de Caunes, l'altitude s'abaisse brusquement de 700 à 200 mètres.

**Conditions géologiques.** — Le bassin est assis dans sa

partie la plus élevée, commune de Lespinassière, sur des granites, des gneiss et des schistes argileux du silurien; plus bas, dans les communes de Citou et Caunes, sur des schistes calcaires et des calcaires compacts ou cristallins. En aval de Caunes, le sol du bassin de l'Argent-Double est constitué par des terrains du crétacé supérieur et de l'éocène, plus ou moins recouverts d'alluvions quaternaires.

**Climat.** — Le bassin s'élevant de 50 à 1,000 mètres, les conditions climatologiques y sont très différentes dans ses diverses parties.

L'ensemble du bassin étant exposé au sud est plutôt chaud par rapport à l'altitude.

Au-dessous de 400 mètres, le bassin appartient nettement au climat méditerranéen; c'est la zone du chêne yeuse, de l'olivier et de la vigne; le climat y est chaud, sec l'été, humide au printemps; les vents y sont violents, surtout celui du nord-ouest.

Au-dessus de 400 mètres, le climat se refroidit jusqu'aux crêtes, qui correspondent à la région du hêtre, avec des brouillards assez persistants, des pluies fréquentes et la neige qui couvre le sol un mois environ en hiver.

Entre cette région du hêtre et celle du chêne yeuse, le climat participe des deux et correspond assez bien à la zone du chêne rouvre.

**Productions.** — Toute la région sise en aval de Caunes est uniquement cultivée en vignes; en amont de Caunes, la vigne devient plus rare et alterne avec des cultures d'oliviers; dans la commune de Citou, la culture des arbres fruitiers est assez importante et les châtaigniers commencent à être assez abondants; dans la commune de Lespinassière, la culture principale est celle des châtaignes; les champs produisent du seigle et une assez grande surface est couverte de prairies.

**Situation administrative. Contenance. Population.** — Le bassin de l'Argent-Double est situé dans l'arrondissement de Carcassonne.

Sa contenance est de 5,120 hectares et sa population de 10,700 habitants environ.

**État de dégradation du sol.** — Le sol du bassin de l'Argent-Double était avant la constitution du périmètre assez dégradé, dénudé et affouillé sur les crêtes et sur de nombreux versants des terrains situés dans la région montagneuse en amont de Caunes. En aval, la plaine était cultivée et en bon état de culture, mais sujette à de nombreuses inondations.

Cet état était dû au déboisement et à l'abus du pâturage dans la région montagneuse, où les schistes dénudés se décomposaient rapidement et où les pluies entraînaient de grandes quantités de matériaux arrachés aux pentes.

**Composition et contenance du périmètre.** — Le périmètre de l'Argent-Double a été constitué en exécution de l'article 16 de la loi du 4 avril 1882.

Sa contenance est de 2,177^h^03^a^74^c^, appartenant en entier à l'État.

Il comprend les trois séries suivantes :

| | |
|---|---|
| Lespinassière | 359^h^ 64^a^ 40^c^ |
| Citou | 961 28 66 |
| Caunes | 856 10 68 |
| TOTAL | 2,177 03 74 |

**Travaux.** — Les travaux à exécuter devaient au plus tôt enrayer par le reboisement l'écoulement trop rapide des eaux et l'affouillement du sol, pour empêcher les dégâts des inondations; on a donc procédé le plus rapidement possible au reboisement, en

6. Périmètre de l'Argent-Double (Aude). Série de Citou. — Vue des travaux en 1887.

7. Périmètre de l'Argent-Double (Aude). Série de Citou. — Même vue que la précédente : état actuel.

8. Périmètre de l'Argent-Double (Aude). Série de Caunes. Canton du Caus.
Vue des travaux en 1886.

9. Périmètre de l'Argent-Double (Aude). Série de Caunes.
Même vue que la précédente : état actuel.

**10.** Périmètre de l'Argent-Double (Aude). Série de Caunes. Canton de Roques-de-Mars.
Vue des travaux en 1886.

Phototypie Berthaud, Paris

11. Périmètre de l'Argent-Double (Aude). Série de Caunes.
Même vue que la précédente : état actuel.

12. Périmètre de l'Argent-Double (Aude). Série de Caunes. — Canton de l'Escavalgadou.
Vue des travaux en 1886.

13. Périmètre de l'Argent-Double (Aude). Série de Caunes. — Même vue que la précédente : état actuel.

14. Périmètre de l'Argent-Double (Aude). Série de Caunes. Ravin de Villegause.
Vue des travaux en 1886.

15. Périmètre de l'Argent-Double (Aude). Série de Caunes. — Même vue que la précédente : état actuel.

même temps que par quelques barrages rustiques on retenait les terres entraînées dans les ravins, dont on consolidait ainsi les berges.

On peut dire que d'une manière générale ces travaux ont promptement réussi et ont donné les résultats attendus; le sol a été bientôt fixé; des peuplements très denses ont en peu d'années couvert le périmètre et, depuis une quinzaine d'années au moins, on ne se préoccupe plus dans la plaine du Minervois des inondations de l'Argent-Double.

Pour atteindre plus rapidement le résultat cherché, on a surtout au début employé des résineux pour le reboisement : dans la série de Caunes, des pins d'Alep et des pins noirs, essences qui prospèrent rapidement dans les sols les plus dénudés; dans la série de Citou, des pins noirs et des pins sylvestres; dans celle de Lespinassière, des pins sylvestres, des pins à crochets et des épicéas. A ces essences on ajoutait, mais dans une proportion bien plus faible, des feuillus tels que chêne yeuse, chêne rouvre, châtaignier et hêtre.

Afin d'obvier aux dangers des incendies et aux dégâts causés par le *peridermium pini* dans les pins d'Alep et par la processionnaire dans les pins noirs, on a introduit, sous le couvert des résineux, le chêne yeuse et le chêne rouvre dans la série de Caunes; le chêne rouvre et le châtaignier dans la série de Citou; enfin le hêtre et le chêne rouvre dans la série de Lespinassière.

On a, de plus, ouvert des tranchées garde-feu et effectué des débroussaillements le long des lisières et des chemins. (Planches 6 à 15.)

## PÉRIMÈTRE DE L'ORBIEL.

**Description générale du bassin.** — L'Orbiel, qui descend du versant méridional de la Montagne-Noire, se jette dans l'Aude à Trèbes, après avoir parcouru, du nord au sud, 25 kilomètres et être descendu de 800 à 100 mètres environ.



IMPRIMERIE NATIONALE.

Son affluent le plus dangereux est le Clamaux, qui le rejoint à 5 kilomètres de Trèbes.

Son bassin supérieur repose sur les assises cambriennes, dont les schistes se désagrègent assez facilement et fournissent de nombreux débris entraînés par les eaux pluviales.

Le climat et les productions sont les mêmes que dans le bassin contigu de l'Argent-Double.

Dans une partie du bassin supérieur, le sol est desséché et sillonné de ravinements.

**Composition et contenance du périmètre.** — La contenance du périmètre projeté de l'Orbiel est de 333h56a.

Il comprend les deux séries suivantes :

| | |
|---|---|
| Labastide-Esparbairenque | 214h 56a |
| Fournes | 119 00 |
| TOTAL | 333 56 |

**Travaux.** — Les seuls travaux de restauration à effectuer seront des travaux de reboisement pour lesquels on emploiera le plus possible les essences feuillues, et surtout le châtaignier partout où le sol lui conviendra.

# DÉPARTEMENT DE L'AVEYRON.

## PÉRIMÈTRE DU TARN.

**Description générale du bassin.** — Le Tarn, grossi de la Jonte, entre à Peyreleau dans le département de l'Aveyron.

La vallée, très resserrée entre les causses, dans le département de la Lozère, ne s'élargit un peu qu'à partir d'Aguessac, en amont de Milhau.

Les calcaires marneux et les marnes du lias sont surmontés par des calcaires et des marnes jurassiques à fortes déclivités.

Le climat, tempéré dans la vallée, est froid sur les plateaux; les pluies sont souvent très fortes, surtout en automne.

La région se trouve dans des conditions très défavorables en ce qui concerne le maintien des terres. Le sol, n'étant pas suffisamment protégé par la végétation, se ravine facilement, et les roches, dont la désagrégation est rapide, fournissent de nombreux débris qui sont entraînés psr les eaux pluviales.

C'est pour ces motifs qu'on a complété dans l'Aveyron les mesures importantes prises précédemment dans la Lozère en vue de régulariser le cours du Tarn, et qu'on a établi un périmètre de restauration s'étendant sur la commune de Rivière, dont la contenance est de 2,791 hectares.

**Composition et contenance du périmètre.** — Le périmètre du Tarn, constitué par une loi du 14 août 1904, ne comporte qu'une seule série, celle de Rivière, dont la superficie est de $516^h86^a51^c$.

**Travaux.** — Les terrains n'appartenant pas encore à l'État, les travaux n'ont pu être commencés. Toutefois, l'acquisition de

130 hectares environ appartenant à la commune de Rivière devant être très prochainement réalisée, il sera bientôt possible d'entreprendre les travaux de restauration.

Ces travaux ne devront comprendre que le reboisement des terrains, principalement au moyen de plantations de pin noir.

# DÉPARTEMENT DU GARD.

## PÉRIMÈTRE DE LA DOURBIE.

**Description du bassin. Altitudes.** — Limité au nord par la chaîne de la Croix-de-Fer, au sud par celle du Lingas, le bassin de la Dourbie s'étend vers l'ouest jusqu'aux plateaux élevés des causses, où la rivière et son affluent le Trévezel se frayent péniblement un passage au fond d'étroites gorges de 300 à 500 mètres de profondeur. C'est du milieu d'une tourbière, à 1,280 mètres d'altitude, que descend la Dourbie. Clair et banal ruisseau au début, ce cours d'eau ne tarde pas à changer de caractère; après 3 kilomètres de parcours il se répand dans de vastes grèves sableuses, puis s'encaisse brusquement dans la vallée rocheuse qui lui sert de lit.

Dans ce défilé, lors des pluies violentes, l'eau monte rapidement jusqu'à 9 et 10 mètres au-dessus de l'étiage, charriant les sables qui lui sont fournis par les nombreux torrents descendus des hauteurs du Lingas.

Semblable est le cours du Trévezel qui sort aussi d'une tourbière, à l'altitude de 1,320 mètres.

Les deux vallées de la Dourbie et du Trévezel sont séparées par la chaîne du Suquet.

Les sommets les plus élevés sont ceux de la Caunette (1,490 m.) dans la chaîne de la Croix-de-Fer, du serre de Miquel (1,401 m.) dans la chaîne du Suquet, et du Lingas (1,440 m.) dans la chaîne de ce nom.

**Conditions géologiques.** — Le bassin de la Dourbie comprend deux régions naturelles bien distinctes, la montagne et le causse.

La montagne est caractérisée par les granites et les schistes micacés.

La roche granitique est souvent désagrégée et sableuse jusqu'à une grande profondeur; les pluies entraînent les sables, laissant sur place à la surface du sol les parties dures sous forme de blocs arrondis.

Les schistes micacés, de leur côté, se fragmentent en plaques irrégulières qui sont charriées par les ravins.

Dans le causse, le plateau est solide mais les pentes sont couvertes d'éboulis de cailloux anguleux qui ne présentent aucune stabilité.

**Climat.** — Le climat est caractérisé par la chaleur et la sécheresse de l'été, par les fortes pluies de l'automne et par la violence des vents.

La neige tombe en abondance pendant l'hiver; elle séjourne longtemps sur les points où elle a été accumulée par le vent.

**Productions.** — L'élevage, la fabrication du fromage de Roquefort et la culture de la zone inférieure des vallées constituent les ressources des habitants. Les principales récoltes sont le seigle, la pomme de terre et les fourrages.

**Situation administrative. Contenance. Population.** — Le bassin de la Dourbie est compris dans l'arrondissement du Vigan.

Sa contenance est de 22,275 hectares et sa population de 6,310 habitants environ.

**État de dégradation du sol.** — Les hautes Cévennes du bassin de la Dourbie étaient autrefois boisées, mais cette situation a été modifiée à une époque relativement récente par des exploitations excessives, par des abus de pâturage et par la pratique de

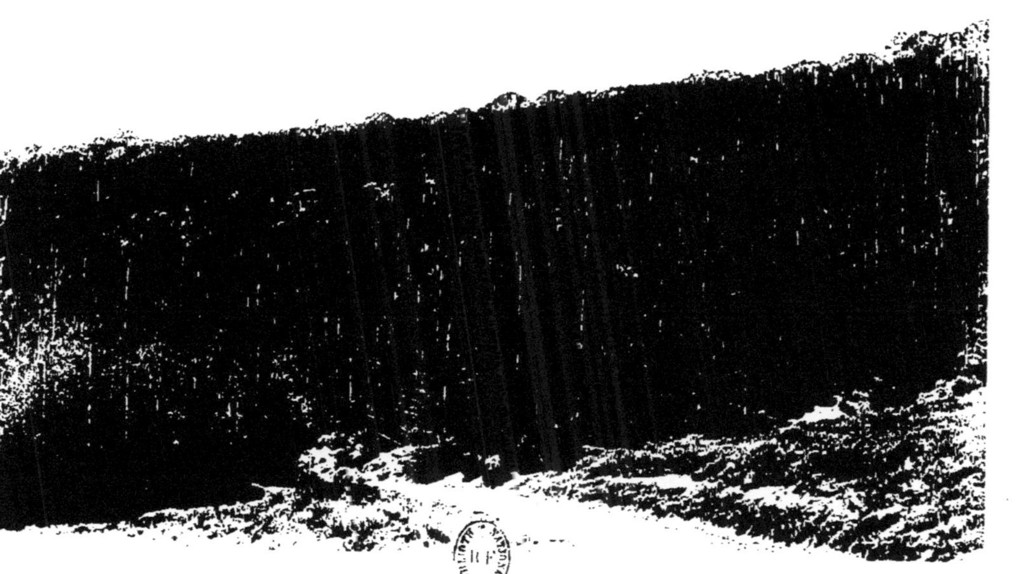

16. Périmètre de la Dourbie (Gard). Série de Saint-Sauveur. — Plantation de Mélèze de 15 à 20 ans à l'altitude de 1200 à 1300 mètres.

17. Périmètre de la Dourbie (Gard). Série de Saint-Sauveur. — Pins sylvestres, pins noirs et pins laricios de Corse, de 10 à 15 ans, à l'altitude de 1050 à 1150 mètres.

18. Périmètre de la Dourbie (Gard). Série de Saint-Sauveur.
Plantation de mélèzes, d'épiceas et de pins à crochets de 10 à 15 ans, à l'altitude de 1200 mètres.

19. Périmètre de la Dourbie (Gard). Série de Dourbie. — Épicéas de 10 à 15 ans à l'altitude de 1300 mètres.

20. Périmètre de la Dourbie (Gard). Série d'Arphy.
Hêtres avec plantations d'épicéas, de mélèzes et de sapins de 6 à 10 ans, à 1300 mètres d'altitude.

21. Périmètre de la Dourbie (Gard). Série de Bréau.
Hêtres, épicéas et mélèzes de 15 à 25 ans, à l'altitude de 1200 mètres.

l'écobuage. La dégradation du sol, favorisée par les fortes déclivités, par la nature friable des roches et par l'abondance des pluies, a donc pu se produire très rapidement sur de vastes étendues.

**Composition et contenance du périmètre.** — La contenance du périmètre de la Dourbie, constitué par une loi du 1er août 1901, est de 5,903h 46a 67c, dont 4,418h 40a 26c sont déjà la propriété de l'État.

Il comprend neuf séries :

| | | | |
|---|---|---|---|
| Valleraugue | 501h | 34a | 55c |
| Saint-Sauveur | 1676 | 80 | 25 |
| Lanuéjols | 430 | 29 | 20 |
| Dourbies | 1427 | 03 | 25 |
| Trèves | 673 | 44 | 00 |
| Causse-Bégon | 153 | 71 | 10 |
| Arphy | 319 | 53 | 30 |
| Aumessas | 165 | 25 | 07 |
| Bréau | 556 | 05 | 95 |
| TOTAL | 5,903 | 46 | 67 |

**Travaux.** — Les travaux de correction exécutés sont peu importants; ils consistent en clayonnages et en seuils et murs de retenue en pierre sèche. Les travaux de reboisement ont porté sur une étendue de 4,335 hectares. Ils consistent en plantations de pins sylvestres, pins noirs, pins laricios de Corse, mélèzes, épicéas et sapins; le pin à crochets a été employé sur les sommets et sur les crêtes battues par le vent.

Ces travaux de restauration ont donné d'excellents résultats, comme on a pu le constater lors des inondations de 1907. (Planches 16 à 21.)

## PÉRIMÈTRE DE L'HÉRAULT.

**Description du bassin. Altitudes.** — L'Hérault sort d'un pli de terrain sur le versant méridional de l'Aigoual, à 1,412 mètres d'altitude; il coule d'abord vers l'est jusqu'au delà de Vallerangue, puis se dirige vers le sud et sort du département du Gard à l'altitude de 400 mètres environ.

Il reçoit sur sa rive gauche deux affluents importants, l'Arre à Pont-d'Hérault et la Vis un peu en amont de Ganges.

La Cévenne, au nord et au nord-est du bassin, est un enchevêtrement de massifs élevés, aux gorges profondes et aux crêtes tourmentées; au nord-ouest, au contraire, s'étendent des plateaux calcaires dénudés au milieu desquels la Vis s'est creusé un lit tortueux de 400 mètres de profondeur qui sépare le causse de Blandas de celui du Larzac.

Le sommet le plus élevé est celui de l'Aigoual (1,567 m.), les plateaux des causses sont à l'altitude moyenne de 850 mètres.

**Conditions géologiques.** — Les terrains de la région montagneuse sont des granites et des schistes micacés. La roche supérieure est souvent désagrégée en gravier sableux ou divisée en menus fragments qui sont entraînés par les pluies d'orages.

Les plateaux calcaires des causses sont coupés de gorges profondes aux parois rocheuses et aux pentes abruptes couvertes d'éboulis.

**Climat.** — Le climat est le même que dans le bassin de la Dourbie : chaleur et sécheresse excessives en été, pluies très fortes et parfois diluviennes en automne, vents violents.

Dans la région de l'Aigoual, la neige tombe en abondance en hiver et séjourne assez longtemps sur les points où elle a été accumulée par le vent.

**Productions.** — La population est surtout agricole et se livre à l'élevage du bétail et à la culture des céréales, du mûrier et du châtaignier.

**Situation administrative. Contenance. Population.** — Le périmètre de l'Hérault est situé dans l'arrondissement du Vigan.

Sa contenance est de 51,200 hectares et sa population de 8,210 habitants environ.

**État de dégradation du sol.** — Il semble probable que le massif de l'Aigoual a été jadis une vaste forêt. Mais le déboisement progressif des hauts versants, l'entraînement des sables granitiques et des débris schisteux par les eaux pluviales, enfin les abus d'un pâturage sans contrôle ont été autant de causes actives de la dégradation du sol.

**Composition et contenance du périmètre.** — La contenance du périmètre de l'Hérault, constitué par une loi du 1er août 1901, est de 7,051h 01a 23c, dont 4,646h 60a 36c sont la propriété de l'État.

Il comprend onze séries :

| | | | |
|---|---|---|---|
| Valleraugue | 2,685h | 56a | 24c |
| Alzon | 606 | 95 | 92 |
| Arrigas | 428 | 37 | 17 |
| Blandas | 386 | 05 | 90 |
| Montdardier | 308 | 96 | 26 |
| Saint-Laurent-le-Minier | 67 | 95 | 36 |
| Aumessas | 635 | 50 | 27 |
| Bréau | 835 | 61 | 60 |
| Mars | 93 | 77 | 91 |
| Arphy | 933 | 44 | 18 |
| Mandagout | 68 | 80 | 42 |
| TOTAL | 7,051 | 01 | 23 |

**Travaux.** — Les travaux de correction ont été limités à la construction de clayonnages et de quelques seuils en pierre sèche.

Les travaux de restauration ont surtout consisté en reboisements effectués au moyen de plantations de pins sylvestres, de pins noirs, de pins laricios de Corse, de pins à crochets, de mélèzes, de sapins et d'un certain nombre de feuillus.

La contenance actuellement reboisée est de 3,865 hectares.

Ces travaux de plantation ont donné les meilleurs résultats. (Planches 22 et 24.)

## PÉRIMÈTRE DE LA CÈZE.

**Description du bassin. Altitudes.** — Le bassin supérieur de la Cèze, dans le département du Gard, est une vaste combe composée d'un grand nombre d'embranchements dont les principaux viennent se réunir dans la région de Bessèges, pour former une vallée assez étroite jusqu'au confluent de la rivière avec le Rhône.

Les pentes sont en général très fortes et les différences d'altitude considérables. Les affluents torrentiels sont nombreux.

Le point culminant du bassin supérieur de la Cèze est à 1,508 mètres sur le flanc du mont Lozère et le point le plus bas à 200 mètres.

**Conditions géologiques.** — Les schistes primitifs occupent la plus grande étendue du bassin. On rencontre le granite sur le versant du mont Lozère, les grès et les poudingues du terrain houiller dans la commune de la Vernarède et une bande de calcaires et de grès dans la commune d'Aujac.

La partie granitique se trouve dans les communes de Ponteiles, de Coucoules et de Génolhac; c'est la zone des pentes excessives où la roche se désagrège en arêne sableuse, laissant sur les versants des amoncellements de blocs arrondis.

Les grès et les poudingues du terrain houiller, ainsi que les calcaires et les grès, sont parfaitement stables. Mais il en est autre-

22. Périmètre de l'Hérault (Gard). Série d'Arphy.
Hêtres avec plantations de pins sylvestres de 12 à 13 ans, à l'altitude de 1150 mètres.

23. Périmètre de l'Hérault (Gard). Série d'Arphy.
Plantations d'épicéas et de pins à crochets de 10 à 15 ans, à 1300 mètres d'altitude.

24. Périmètre de l'Hérault (Gard). Série de Bréau.
Pins d'Auvergne et pins laricios de Corse ; plantation à l'altitude de 1100 mètres.

ment des terrains schisteux dont les assises, profondément disloquées par le soulèvement du granite, forment une zone sans consistance, facilement attaquée par les eaux, déchirée par une infinité de ravins.

**Climat.** — Le climat est celui de toutes les hautes Cévennes, tempéré dans les vallées, profondément encaissées en général, froid et très rude en hiver sur le mont Lozère et sur les contreforts qui s'en détachent.

Les étés sont chauds. Au printemps et en automne, des orages fréquents donnent lieu à de fortes chutes d'eau, s'abattant parfois en trombes qui dévastent tout.

**Productions.** — La châtaigne est le principal produit agricole, les cultures étant très réduites dans le fond des vallées.

Le pâturage n'a presque plus d'importance.

L'exploitation des mines de houille, la production d'extraits de châtaignier et le filage de la soie sont les industries de la région.

**Situation administrative. Contenance. Population.** — Le bassin supérieur de la Cèze est situé dans l'arrondissement d'Alais.

La contenance des communes sur lesquelles des travaux de restauration sont entrepris est de 19,035 hectares et la population de 9,170 habitants environ.

**État de dégradation du sol.** — Les parties à restaurer sont localisées sur les granites et sur les schistes primitifs.

Les terrains granitiques sont actuellement reboisés et fixés.

Les terrains schisteux, disloqués et sans consistance, sont occupés trop souvent par des châtaigneraies presque abandonnées. Autrefois, on enlevait les rejets et les branches gourmandes, on cultivait le sol au pied des arbres, on entretenait des fossés et des petits murs pour diriger les eaux pluviales dans les ruisseaux et pour retenir les terres. Les travaux d'entretien ayant cessé d'être effectués, à cause de la cherté de la main-d'œuvre, les eaux d'orage ne sont plus retenues, ravinent le sol et entraînent dans les vallées des quantités considérables de matériaux.

**Composition et contenance du périmètre.** — La contenance du périmètre de la Cèze, constitué par une loi du 7 août 1910, est de 4,183$^{h}$ 21$^{a}$ 66$^{c}$, dont 2,118$^{h}$ 82$^{a}$ 78$^{c}$ appartiennent actuellement à l'État.

Il comprend les dix séries suivantes :

| | | | |
|---|---|---|---|
| Malons-et-Elze | 460$^{h}$ | 40$^{a}$ | 65$^{c}$ |
| Ponteils-et-Brésis | 1,006 | 92 | 18 |
| Concoules | 571 | 06 | 69 |
| Bonnevaux-et-Hiverne | 121 | 26 | 81 |
| Génolhac | 631 | 36 | 71 |
| Aujac | 127 | 81 | 48 |
| Sénéchas | 483 | 42 | 38 |
| Chamborigaud | 590 | 82 | 22 |
| Chambon | 117 | 85 | 45 |
| La Vernarède | 72 | 27 | 09 |
| TOTAL | 4,183 | 21 | 66 |

**Travaux.** — Les travaux de correction ont été limités à l'établissement de clayonnages et de petits seuils en pierre sèche.

Les travaux de reboisement ont été effectués avec des résineux : pins divers, épicéas et mélèzes. Depuis quelques années on introduit en mélange le sapin et le hêtre et on repeuple les vides au moyen du chêne rouvre et du châtaignier.

Le pin laricio de Corse, l'épicéa et le mélèze ont donné de très beaux peuplements et il en a été de même du pin maritime jusqu'à l'altitude de 500 mètres.

La contenance actuellement reboisée est de 2,089 hectares.

Les terrains restant à restaurer seront aussi, presque exclusivement, l'objet de travaux de reboisement.

Les essences définitives paraissent devoir être le mélèze, le sapin et le hêtre dans les parties élevées, le pin laricio de Corse, l'épicéa, le chêne rouvre et le châtaignier dans les parties moyennes, et le pin maritime, avec le chêne rouvre et le châtaignier dans les parties basses.

## PÉRIMÈTRE DU GARDON.

**Description du bassin. Altitudes.** — Le Gardon, affluent torrentiel du Rhône, est formé par la réunion du Gardon d'Alais et du Gardon d'Anduze, ce dernier comprenant lui-même deux branches principales, le Gardon de Mialet et le Gardon de Saint-Jean-du-Gard. Le terrain étudié en vue de l'établissement d'un périmètre a été limité aux parties des bassins supérieurs du Gardon de Saint-Jean et du Gardon d'Alais comprises dans le département du Gard.

La source du premier de ces cours d'eau est située dans la Lozère, au nord de Bassurels, à l'altitude de 1,050 mètres; il pénètre dans le Gard sur le territoire de Saint-André-de-Valborgne à 500 mètres d'altitude et descend à 200 mètres à son confluent avec le Gardon de Mialet.

Son bassin supérieur est limité au sud-ouest par une ligne de crêtes dont le point le plus élevé (1,359 m.) se trouve à la jonction de la chaîne de l'Aigoual.

La limite au nord-est présente des altitudes de 920 à 960 mètres.

De ces deux lignes de faîte descendent, suivant des pentes excessives, de très nombreux ravins que les pluies d'orage transforment en torrents. Les affluents les plus importants sont situés sur la rive droite.

Le Gardon d'Alais a son origine dans le département de la Lozère près de Saint-Maurice-de-Ventalon, à 1,100 mètres d'altitude.

Son thalweg est à 300 mètres quand il pénètre dans le département du Gard et il descend à 150 mètres à la hauteur de Soustelle. Dans cette partie de son cours, les altitudes et les pentes sont moins fortes que dans le bassin du Gardon de Saint-Jean.

Les altitudes les plus fortes sont de 903 mètres sur la rive droite et de 842 mètres sur la rive gauche.

Les principaux affluents sont l'Andorge sur la rive gauche et, sur la rive droite, le ruisseau de Brême, le torrent de Gravelongue et le Galeizon.

**Conditions géologiques.** — Dans le bassin du Gardon de Saint-Jean, les terrains appartiennent aux couches schisteuses du précambrien, interrompues sur toute l'étendue de la commune de Soudorgues près le soulèvement granitique de la montagne de Liron.

Les schistes primitifs et les schistes granitisés occupent les territoires de Sainte-Cécile-d'Andorge, de Lamelouze et de Soustelle; dans les deux autres communes on rencontre de plus des terrains triasiques et liasiques.

**Climat.** — Le climat est rude en hiver, chaud et sec en été, pluvieux en automne. Il est tempéré au fond des vallées, à cause de leur situation généralement abritée contre les vents dominants.

**Productions.** — La population est fixée au fond des vallées où elle se livre à l'élevage du bétail et à la culture des prairies, de la vigne, du mûrier et du châtaignier.

**Situation administrative. Contenance. Population.** — Le bassin du Gardon de Saint-Jean est compris dans l'arrondissement du Vigan et celui du Gardon d'Alais dans l'arrondissement d'Alais.

L'étendue totale des communes sur le territoire desquelles ont

tomne; mais c'est l'époque des orages qui donne lieu à de très fortes chutes d'eau.

**Productions.** — La châtaigne est, pour ainsi dire, la seule récolte sur laquelle comptent les populations. On ne voit autour des villages que quelques petits champs, et dans le fond des ravins quelques lambeaux de prairies.

Le pâturage n'a plus d'importance dans la région.

**Situation administrative. Contenance. Population.** — Le bassin du Chassézac est situé dans l'arrondissement d'Alais.

La contenance de la commune de Malons est de 3,390 hectares et sa population de 760 habitants environ.

**État de dégradation du sol.** — Le sol est presque totalement formé par les schistes primitifs.

Les pentes sont occupées par des châtaigneraies, les sommets par des pâtures ou des rochers nus. Mais ces pâtures, livrées autrefois à un pâturage intensif, sont, pour la plupart, dans un état de dégradation avancé, elles sont parsemées d'excoriations, déchirées par des ravins aux berges vives et couvertes seulement de quelques bruyères et genêts. Les châtaigneraies ne sont pas dans un meilleur état; sur toutes les pentes, les ravinements se multiplient, par suite de l'exploitatation des châtaigniers qui sont vendus aux usines d'extraits tanniques. De mauvaises pâtures s'installent chaque jour sur des points, autrefois couverts de châtaigniers centenaires, et sur ces fortes pentes le sol, une fois découvert, ne tarde pas à se dégrader.

**Composition et contenance du périmètre.** — La contenance du périmètre du Chassézac, constitué par une loi du 7 août 1910, est de 387$^{h}$59$^{a}$50$^{c}$, dont 217$^{h}$52$^{a}$57$^{c}$ sont déjà la propriété de l'État. Il ne comprend que la seule série de Malons-et-Elze.



IMPRIMERIE NATIONALE.

**Travaux.** — Des seuils en pierre sèche et des clayonnages ont suffi pour fixer le fond des ravins.

Les travaux de reboisement ont consisté en semis et plantations d'essences résineuses; le robinier a été planté sur les berges des ravins.

Le pin laricio de Corse et l'épicéa ont donné de très beaux peuplements; le pin sylvestre ne s'élance pas, le pin maritime, très vigoureux au début, dépérit à un âge peu avancé.

La contenance actuellement reboisée est de 202 hectares.

Les essences à préférer pour l'avenir semblent devoir être le pin laricio de Corse, l'épicéa, le mélèze et le sapin en mélange avec le hêtre aux expositions fraîches.

# DÉPARTEMENT DE L'HÉRAULT.

## PÉRIMÈTRE DE L'ARGENT-DOUBLE.

**Description du bassin. Altitudes.** — L'Argent-Double qui prend sa source sur la commune de Lespinassière (Aude) reçoit sur son parcours un grand nombre d'affluents torrentiels.

Le plus important est le ruisseau de Cros, dont la vallée profondément encaissée reste parallèle à celle de l'Argent-Double prenant toute la traversée de la région montagneuse.

Le ruisseau de Cros, dont la source est située sur le territoire de Cassagnoles (Hérault), traverse en partie cette commune, puis il entre dans celle de Félines-Hautpoul qu'il limite ensuite jusqu'au point où il quitte le département de l'Hérault.

Les altitudes varient de 600 à 900 mètres.

C'est dans le bassin du Cros qu'est situé le périmètre de l'Argent-Double (Hérault).

**Conditions géologiques.** Le bassin du Cros ne renferme que des terrains primaires. Ceux-ci sont représentés par des schistes argileux rougeâtres très friables, dont la désagrégation donne un sol très léger et sans consistance; ils renferment également des bancs de calcaire dur.

Le sol, très maigre, est généralement dénudé et coupé de grands escarpements.

**Climat.** — Des crêtes élevées abritent la vallée contre les vents du nord; aussi le climat est sec et chaud pendant l'été.

Les orages sont assez fréquents et donnent lieu à de très fortes pluies, qui fournissent parfois une lame d'eau de 5 millimètres et plus par heure.

**Productions.** — L'élevage du bétail et la culture des châtaigniers, du seigle et de la pomme de terre sont les seules ressources des habitants.

**Situation administrative. Contenance. Population.** — Le bassin du Cros est situé dans l'arrondissement de Saint-Pons.

La contenance des communes, sur lesquelles le périmètre de restauration est assis est de 5,415 hectares et la population de 2,250 habitants.

**État de dégradation du sol.** — Par suite de la raideur des pentes, de la violence des pluies d'orage, de l'absence d'une végétation protectrice suffisante, le sol est généralemenl dégradé et raviné.

Dans leurs crues, le Cros et ses affluents charrient de très grandes quantités de boues, de graviers et de débris de roches.

**Composition et contenance du périmètre.** — La contenance du périmètre de l'Argent-Double est de $937^h\ 34^a\ 64^c$, dont $165^h\ 11^a 79^c$ sont déjà la propriété de l'État.

Il comprend les deux séries suivantes :

| | |
|---|---|
| Félines-Hautpoul | $648^h\ 04^a\ 19^c$ |
| Cassagnoles | 280 30 45 |
| TOTAL | 937 34 64 |

**Travaux.** — Les travaux de correction seront limités à l'établissement de clayonnages et de petits ouvrages en pierre sèche dans les ravins, lesquels seront en outre garnis de végétation.

Le reboisement se fera au moyen de plantations de pin laricio de Corse, de cèdre, de sapin et de hêtre et de semis et plantations de chêne rouvre. (Planche 25.)

25. Périmètre de l'Argent-Double (Hérault). Série de Félines-Hautpoul.

## PÉRIMÈTRE DE LA CESSE-OGNON.

**Description du bassin. Altitudes.** — La Cesse et l'Ognon, affluents de gauche de l'Aude, prennent leur source, la Cesse sur le versant méridional du chaînon de Lespinassier à 786 mètres d'altitude, l'Ognon sur le plateau de Masmaguine à l'altitude de 790 mètres.

La Cesse, dont la direction générale est celle du nord-ouest au sud-est, traverse la région désignée sous le nom de Causse du Minervois, où elle s'est ouvert un chenal étroit et très profond, puis traverse en partie la plaine de Narbonne pour se jeter dans l'Aude.

L'Ognon coule sur un parcours de 8 kilomètres environ, dans une vallée très resserrée où il reçoit de nombreux affluents torrentiels, puis il pénètre dans la plaine d'Olonzac où il se déverse dans l'Aude.

**Conditions géologiques.** — Abstraction faite des roches calcaires des monts du Minervois, ces cours d'eau traversent des schistes primaires peu résistants.

**Climat. Productions.** — Le climat est chaud et sec en été, tempéré en hiver.

Les orages sont violents, les pluies, fréquentes au printemps et en automne, sont souvent très fortes.

Les habitants de la région tirent leurs ressources de l'élevage de bétail et de la culture du châtaignier, du seigle et de la pomme de terre.

**Situation administrative. Contenance. Population.** — Le bassin de Cesse-Ognon est situé dans l'arrondissement de Saint-Pons.

La contenance des communes provenant des terrains à restaurer est de 26,290 hectares et leur population de 4,520 habitants environ.

**État de dégradation du sol.** — Les pentes sont très fortes, les pluies sont souvent torrentielles, les roches schisteuses se désagrègent facilement, de sorte que le sol, insuffisamment protégé par la végétation, est généralement raviné.

Les eaux pluviales, non retenues à la surface, glissent sur les versants en entraînant de grandes quantités de matériaux détritiques.

**Composition et contenance du périmètre.** — La contenance du périmètre de Cesse-Ognon est de 6,023h 65a 10c, dont 382h 99a 10c appartiennent actuellement à l'État.

Il comprend les neuf séries suivantes :

| | | | |
|---|---|---|---|
| La Livinière | 423h | 65a | 10c |
| Férals | 600 | 00 | 00 |
| Cassagnoles | 800 | 00 | 00 |
| Rieussec | 500 | 00 | 00 |
| Boisset | 500 | 00 | 00 |
| Minerve | 400 | 00 | 00 |
| Pardailhan | 1,600 | 00 | 00 |
| Vélieux | 200 | 00 | 00 |
| Félines-Hautpoul | 900 | 00 | 00 |
| TOTAL | 6,023 | 65 | 10 |

**Travaux.** — La restauration du sol sera entreprise au moyen de travaux de reboisement.

Le périmètre étant compris presque entièrement dans la région des schistes on emploiera, par plantation, les essences suivantes : pin laricio de Corse, hêtre, châtaignier et chêne rouvre.

Au sud, dans une partie de la série de la Livinière, on utilisera par semis, le pin d'Alep et le chêne yeuse.

## PÉRIMÈTRE DE L'ORB MOYEN.

**Description du bassin. Altitudes.** — L'Orb pénètre dans l'arrondissement de Saint-Pons à la limite orientale du territoire de la commune de Colombières.

Dans cette commune, il se dirige du nord-est au sud-ouest en contournant les escarpements du massif du Sommail, puis, après avoir reçu le Jaur à la Voulte, il prend une direction normale à la première, franchit dans une profonde coupure, de formation relativement récente, le massif montagneux inférieur et se dirige ensuite vers le sud pour se jeter dans la Méditerranée, après un parcours total de 127 kilomètres dont 22 dans l'arrondissement de Saint-Pons.

Ses principaux affluents sont les ruisseaux d'Arles et de Saint-Martin, le Jaur et les ruisseaux de Berlou et de la Vernazobre.

L'altitude la plus forte (1,050 m.) est celle du mont de Caroux.

**Conditions géologiques.** — On rencontre des gneiss (cambrien métamorphisé) dans la partie septentrionale des communes de Colombières et de Saint-Martin; le reste du bassin est occupé par des terrains primaires.

**Climat.** — Les hivers, rigoureux sur le plateau du Sommail, sont tempérés dans les vallées inférieures, de sorte que l'on passe de la région du hêtre à celle de l'olivier.

Les étés sont chauds et secs dans toute l'étendue du bassin.

Les orages sont souvent violents et les pluies fréquentes au printemps et en automne; dans cette dernière saison elles atteignent quelquefois une très grande intensité.

**Productions.** — L'élevage des bêtes à laine, la culture du châtaignier, du seigle, de la pomme de terre, de la vigne enfin, surtout à Chinian, constituent les ressources des habitants.

**Situation administrative. Contenance. Population.** — Le bassin de l'Orb moyen est situé dans l'arrondissement de Saint-Pons.

Les territoires des communes comprenant des terrains à restaurer ont une contenance de 22,479 hectares; la population est d'environ 6,430 habitants.

**État de dégradation du sol.** — Les gneiss et les schistes paléozoïques donnent, par leur désagrégation, un sol superficiel, imperméable, très sec en été et humide en hiver, susceptible par conséquent d'être facilement dégradé.

Les fortes pentes des versants, très souvent dénudés, permettent la concentration rapide des eaux pluviales dans les thalwegs.

**Composition et contenance du périmètre.** — La contenance du périmètre de l'Orb moyen est de 3,018$^{h}$ 00$^{a}$ 66$^{c}$, dont 626$^{h}$ 86$^{a}$ 25$^{c}$ sont actuellement la propriété de l'État

Il comprend les neuf séries suivantes :

| | | | |
|---|---|---|---|
| Colombières | 250$^{h}$ | 00$^{a}$ | 00$^{c}$ |
| Vieussen | 400 | 00 | 00 |
| Roquebrun | 142 | 00 | 00 |
| Pardailhan | 295 | 00 | 00 |
| Ferrières | 1,000 | 00 | 00 |
| Saint-Chinian | 581 | 99 | 66 |
| Pierrerue | 75 | 00 | 00 |
| Cessenon | 100 | 00 | 00 |
| Saint-Martin-de-l'Arçon | 174 | 01 | 00 |
| TOTAL | 3,018 | 00 | 66 |

**Travaux.** — La restauration des terrains ne comporte que l'exécution de travaux de reboisement.

Les essences déjà employées sont les suivantes : hêtre, épicéa, sapin, pin laricio de Corse sur les versants du Sommail, chêne yeuse et pin d'Alep dans le bassin de la Vernazobre.

Le châtaignier et le chêne rouvre seront utilisés avec les pins dans les autres parties du bassin.

La contenance reboisée actuellement est de 459 hectares.

## PÉRIMÈTRE DU JAUR.

**Description du bassin. Altitudes.** — La source qui donne son nom au Jaur jaillit, dans la ville de Saint-Pons, sous une roche à paroi verticale de 22 mètres de hauteur.

La rivière coule du nord-ouest au sud-est dans une vallée resserrée et se jette dans l'Orb à 145 mètres d'altitude, après un parcours de 28 kilomètres.

Ses principaux affluents sont les ruisseaux de Coustorgues, de Chavardès et d'Héric qui descendent de la montagne de l'Espinouse et les ruisseaux de Salesse, de Marthomis, de Thérondel et de Larn qui viennent du Sommail. Ces divers ruisseaux ont un cours très rapide.

Les plus fortes altitudes sont celles de 1,087 mètres sur la montagne de l'Espinouse et de 1,093 mètres au mont de Caroux.

**Conditions géologiques.** — Des gneiss, avec granulite et pegmatite, au nord, des schistes primaires au sud, tels sont les terrains du bassin du Jaur.

Quelques amas de tourbe se rencontrent dans les gneiss; comme dans toutes les régions de montagne des cônes torrentiels marquent au fond de la vallée les points d'arrivée des affluents du Jaur.

**Climat. Productions.** — Par suite du voisinage de la Méditerranée et des fortes différences d'altitudes, le climat est très différent lui-même suivant les points considérés; en partant de l'Orb on passe de la région de l'olivier à celle du hêtre.

Sur les plateaux du Sommail et de l'Espinouse les hivers sont très froids et le givre est fréquent.

En été, la chaleur et la sécheresse se font sentir jusque sur les plus hauts sommets.

Les pluies se produisent assez irrégulièrement au printemps et en automne, mais les chutes d'eau les plus abondantes ont lieu en automne.

L'élevage des bêtes à laine et la culture du châtaignier, du seigle, de la pomme de terre, des légumes et de la vigne, dans les vallées seulement, constituent les ressources des habitants.

**Situation administrative. Contenance. Population.** — Le bassin du Jaur est situé dans l'arrondissement de Saint-Pons.

Les communes comprenant des terrains à restaurer ont une étendue de 25,217 hectares; leur population est de 8,855 habitants environ.

**État de dégradation du sol.** — La désagrégation des gneiss et des schistes paléozoïques donne un sol très peu profond, très sec et très friable en été, humide en hiver, susceptible par suite de se raviner quand il n'est pas protégé par la végétation.

Les reboisements entrepris depuis plus de quarante ans ont arrêté la dégradation du sol.

**Composition et contenance du périmètre.** — La contenance du périmètre du Jaur, constitué en exécution de l'article 16 de la loi du 4 avril 1882, est de 3,974$^h$ 68$^a$ 07$^c$.

Il comprend les neuf séries suivantes :

| | |
|---|---|
| Saint-Pons | 666$^h$ 41$^a$ 78$^c$ |
| Courniou | 454 70 55 |
| Verreries-de-Moussans | 62 62 70 |

26. Périmètre du Jaur (Hérault). Série de Saint-Vincent. — Jeune peuplement de cèdres.

27. Périmètre du Jaur (Hérault). Série de Saint-Julien. — Peuplement de pins noirs de 34 ans.

| | |
|---|---|
| Riols | 963 03 86 |
| Prémian | 395 46 01 |
| Saint-Vincent | 273 67 40 |
| Saint-Julien | 497 47 64 |
| Mons | 380 42 93 |
| Cambon-et-Salvergues | 280 85 20 |
| Total | 3,974 68 07 |

**Travaux.** — On a employé au début des travaux le pin noir et le pin sylvestre de préférence, afin de reconstituer le sol, mais depuis quinze ans environ on introduit, sous le couvert des pins, des essences plus précieuses.

Les essences définitivement adoptées sont le hêtre, le châtaignier, le sapin, l'épicéa, le cèdre et le pin laricio de Corse.

Les travaux de correction ont été inutiles, mais on a dû établir des allées garde-feu qui sont soigneusement entretenues.

La contenance reboisée est de 3,910 hectares. (Planches 26 et 27.)

## PÉRIMÈTRE DE L'AGOUT.

**Description du bassin. Altitudes.** — La source de l'Agout se trouve sur le plateau de l'Espinouse, à l'altitude de 1,126 mètres. Il coule du sud-est au nord-ouest et pénètre dans le département du Tarn après un parcours de 32 kilomètres.

Les principaux affluents sont la Salesse, la Vèbre et le Thoré; ces ruisseaux ont un cours très rapide.

L'altitude minima (600 m.) est celle de l'Agout à sa sortie du département de l'Hérault.

**Conditions géologiques.** — Les gneiss, avec granulite, occupent toute l'étendue du bassin.

**Climat. Productions.** — Le climat, très rigoureux en hiver, est chaud et très sec en été. Les pluies se produisent au printemps et en automne; elles sont surtout abondantes pendant cette dernière saison.

L'élevage du bétail constitue la ressource la plus importante des habitants.

**Situation administrative. Contenance. Population.** — Le bassin de l'Agout est situé dans l'arrondissement de Saint-Pons.

Les communes qui renferment des terrains à restaurer ont une contenance de 10,453 hectares; leur population est de 1,965 habitants environ.

**État de dégradation du sol.** — Les gneiss, par leur désagrégation, fournissent un sol très peu profond, très friable et très sec en été et par suite très susceptible d'être entraîné par les eaux pluviales quand il n'est pas couvert de végétation.

Les reboisements effectués ont arrêtés la dégradation des terrains autrefois dénudés.

**Composition et contenance du périmètre.** — Le périmètre de l'Agout, constitué en exécution de l'article 16 de la loi du 4 avril 1882, a une contenance de 982h 68c 10a.

Il comprend les quatre séries suivantes :

| | | | |
|---|---|---|---|
| Verreries-de-Moussans | 62h | 23a | 50c |
| Cambon-et Salvergues | 631 | 28 | 70 |
| Soulié | 237 | 50 | 00 |
| Fraïsse | 51 | 65 | 90 |
| TOTAL | 982 | 68 | 10 |

**Travaux.** — Une contenance de 962 hectares est actuellement reboisée.

28. Périmètre de l'Aigoual (Hérault). Série du Soulié.
Hêtres et sapins de 15 à 20 ans : plantation à l'altitude de 1000 mètres.

Les principales essences qui ont été employées sont le hêtre, l'épicéa, le sapin.

Des allées garde-feu ont été ouvertes et sont entretenues avec soin. (Planche 28.)

## PÉRIMÈTRE DE L'ORB SUPÉRIEUR.

**Description du bassin. Altitudes.** — L'Orb prend sa source dans la commune de Romiguières, à la limite des départements de l'Hérault et de l'Aveyron, à l'altitude de 800 mètres environ.

Il coule d'abord de l'est à l'ouest, puis, après avoir traversé la commune d'Avènes, il se dirige vers le sud, contourne les escarpements du massif du Sommail et se réunit au Jaur.

L'Orb a l'allure d'une rivière torrentielle, presque d'un torrent. Son cours est très rapide dans le bassin supérieur. Son débit, qui est de 2$^{mc}$500 à l'étiage et de 25 mètres cubes en eaux moyennes, atteint 2,500 mètres cubes en temps de crue.

Le massif du Sommail, limité au sud par un escarpement de 600 à 800 mètres de hauteur tombant dans les vallées du Jaur et de l'Orb, présente sur son versant oriental de nombreuses vallées dont la plus importante est celle de la Marre, le principal affluent de l'Orb.

Les principaux sommets sont les roches de Maurèze (725 m.), le mont Redon (947 m.), le mont Agut (1,023 m.) et le signal de Plo-des-Brus (1,100 m.).

**Conditions géologiques.** — Le versant du Sommail, c'est-à dire la partie la plus montagneuse du bassin supérieur de l'Orb, se compose presque exclusivement de terrains primaires représentés par des schistes paléozoïques, des micaschistes et des gneiss. Il est traversé à la hauteur de Graissessac par une longue bande de terrain houiller, parallèle à la vallée de la Marre et s'étendant sur 2,000 hectares environ.

Des éruptions d'origine ancienne ont fait surgir au milieu des terrains primaires des amas de roches éruptives, granulite et pegmatite; de grands filons de microgranulite sont venus s'épanouir au milieu des schistes.

Le versant du Larzac ne comprend que des terrains secondaires appartenant principalement au lias et à l'infralias; le calcaire y domine mais on rencontre aussi des marnes et des grès.

Enfin, une éruption de roches basaltiques a donné naissance à la longue crête de l'Escandorgue.

**Climat. Productions.** — L'irrégularité et la violence des pluies et la prédominance du vent du nord-ouest exercent une profonde influence sur le climat de la vallée de l'Orb: la période estivale est très chaude tandis que les hivers sont froids.

Dès qu'on pénètre dans la montagne, cette inégalité du climat s'accentue.

Sur les hauts plateaux qui touchent à l'Aveyron, les hivers sont rudes et parfois la neige séjourne pendant plusieurs mois sur les sommets. Les pluies diluviennes du printemps et de l'automne sont généralement séparées par des périodes de sécheresse.

Ces conditions de climat sont peu favorables à la culture, qui s'est concentrée dans le fond des vallées; la montagne tout entière est abandonnée au pâturage des moutons et des chèvres.

**Situation administrative. Contenance. Population.** — Le bassin de l'Orb supérieur est situé dans les arrondissements de Béziers et de Lodève.

Les communes renfermant des terrains à restaurer ont une contenance de 36,785 hectares; leur population est d'environ 11,900 habitants.

**État de dégradation du sol.** — Dans la région du gneiss et des schistes le sol, superficiel et friable, est facilement raviné et entamé par les eaux; la dégradation est moins accentuée sur les autres terrains, mais ceux-ci n'occupent que le quart de la superficie du bassin.

Les anciennes forêts qui protégeaient le sol ont disparu depuis longtemps par suite des incendies et des élagages. Par le fait de l'insolation, la désagrégation des roches est alors devenue plus active.

Les conditions du sol, jointes au climat et à la raideur des pentes, expliquent l'irrégularité du débit de l'Orb.

**Composition et contenance du périmètre.** — La contenance du périmètre de l'Orb supérieur est de 6,016$^h$39$^a$, dont 1,369$^h$78$^a$70$^c$ sont déjà la propriété de l'État.

Il comprend les douze séries suivantes :

| | |
|---|---|
| Camplong | 861$^h$ 79$^a$ |
| Graissessac | 228 52 |
| Ceilhes-et-Rocozels | 525 65 |
| Avène | 1,576 91 |
| Joncels | 488 49 |
| Lunas | 272 59 |
| Le Bousquet-d'Orb | 287 88 |
| Castanet-le-Haut | 132 47 |
| Saint-Geniès-de-Varensal | 341 68 |
| Saint-Gervais | 489 26 |
| La Tour-sur-Orb | 205 43 |
| Rosis | 605 72 |
| TOTAL | 6,016 39 |

**Travaux.** — La restauration du sol n'exige que l'exécution de travaux de reboisement.

Les essences à employer de préférence sont : le hêtre, le sapin et l'épicéa dans les parties élevées du périmètre, le châtaignier et le pin laricio de Corse dans les parties basses; elles ont été utilisées dans les terrains appartenant déjà à l'État et semblent donner de bons résultats.

Des chemins sont ouverts dès le début des travaux afin de permettre une facile circulation et de servir d'allées garde-feu en cas d'incendie.

## PÉRIMÈTRE DE LA LERGUE.

**Description du bassin. Altitudes.** — La source de la Lergue se trouve vers la limite septentrionale de la commune de Saint-Félix-de-l'Héras, à 750 mètres d'altitude.

Cette rivière coule d'abord du nord au sud, puis, après avoir dépassé Lodève, elle se dirige vers le sud-est et se jette dans l'Hérault, près de Pouzols, après un parcours de 40 kilomètres, à l'altitude de 30 mètres environ.

Jusqu'à Lodève elle est encaissée dans des gorges profondes où son cours est rapide. Son principal affluent est la Brèze, grossie elle-même de la Primelle.

Le sommet le plus élevé (778 mètres) se trouve sur la montagne de Parlatges.

**Conditions géologiques. Climat. Productions.** — Des schistes paléozoïques, du grès, des calcaires jurassiques et des basaltes, telles sont les roches que l'on rencontre le plus fréquemment.

Les étés sont chauds. Les pluies, très rares en été, se produisent au printemps et en automne, parfois avec une grande intensité pendant cette dernière saison.

Les principales cultures sont celles de la vigne, de l'olivier et du mûrier.

**Situation administrative. Contenance. Population.** — Le bassin de la Lergue est situé dans l'arrondissement de Lodève.

29. Périmètre de la Lergue (Hérault). Série de Parlatges. — Plantation de pins noirs de 20 à 22 ans.

La contenance des communes qui renferment des terrains à restaurer est de 6,383 hectares et la population de 1,320 habitants.

**État de dégradation du sol.** — Sur les montagnes où le sol est à découvert, les versants sont ravinés et fournissent des matériaux abondants entraînés par les eaux d'orage.

Dans la vallée de la Brèze, où les montagnes sont depuis longtemps reboisées, la stabilité du sol est assurée et les inondations ne présentent plus le même caractère dangereux que dans les autres parties du bassin.

**Composition et contenance du périmètre.** — La contenance du périmètre de la Lergue, constitué par application de l'article 16 de la loi du 4 avril 1882, est de 1,630h 83a 09c.

Il comprend les quatre séries suivantes :

| | |
|---|---|
| Parlatges | 524h 68a 04c |
| Saint-Étienne-de-Gourgas | 577 46 37 |
| Soubès | 210 80 67 |
| Saint-Privat | 317 88 00 |
| TOTAL | 1,630 83 09 |

**Travaux.** — La restauration des terrains ne comporte que l'exécution de travaux de reboisement.

Les peuplements, âgés de 1 à 45 ans, comprennent les essences suivantes: pin noir, pin laricio de Corse, pin sylvestre et pin d'Alep.

Le pin noir est l'essence dominante.

La contenance actuellement reboisée est de 1,465 hectares.

Comme dans toute la région, des sentiers de circulation ont été ouverts, surtout en prévision des incendies. (Planche 29.)



IMPRIMERIE NATIONALE.

## PÉRIMÈTRE DE L'HÉRAULT.

**Description du bassin. Altitudes.** — L'Hérault, qui prend sa source au Mont Aigoual, à 1,567 mètres d'altitude, traverse le département du même nom sur une longueur de 100 kilomètres, du nord-est au sud-ouest.

Dans l'arrondissement de Béziers, ce fleuve coule paisiblement au milieu de plaines fertiles où la vigne constitue la principale culture; dans ceux de Lodève et Montpellier, l'Hérault et son principal affluent, la Vis, sont séparés par la montagne de la Sérane et la partie inférieure du plateau du Larzac.

En dehors de cette partie montagneuse, où l'Hérault et la Vis traversent des gorges désertes, le bassin est limité par des collines de faible altitude, boisées en chêne vert ou à l'état de garrigues recouvertes de kermès.

Les principaux sommets sont ceux du Roc blanc (943 mètres), point culminant de la Sérane, et du Pic d'Anjau (865 mètres).

Le plateau du Larzac a une altitude moyenne de 750 mètres.

**Conditions géologiques. Climat. Productions.** — Tous les terrains du bassin de l'Hérault sont formés, dans la région considérée, de calcaires jurassiques. Les montagnes, couvertes de gros rochers, sont souvent dénudées et les pentes abruptes présentent des amas de pierrailles roulantes formant des éboulis de cailloux en équilibre instable.

Le climat du bassin de l'Hérault participe du climat général méditerranéen caractérisé par la chaleur et la sécheresse de l'été.

La neige est rare; les pluies sont peu abondantes, excepté en automne.

Le vent du nord domine; il est parfois violent.

La culture principale est celle de la vigne.

Viennent ensuite celles de l'olivier et du mûrier.

Les bois, qui occupent de vastes surfaces, ne donnent que des écorces et du bois de feu.

**Siiuation administrative. Contenance. Population.** — Le bassin de l'Hérault est situé dans les arrondissements de Lodève et de Montpellier.

La surface du territoire des communes qui renferment des terrains à restaurer est de 25,707 hectares.

La population est de 5,030 habitants.

**État de dégradation du sol.** — Autrefois les montagnes du bassin de l'Hérault devaient être entièrement boisées; les forêts communales et particulières que l'on rencontre sur des terrains analogues aux parties dénudées semblent l'indiquer.

Cette diminution de l'étendue boisée, due soit aux mauvaises exploitations, soit au pâturage abusif des moutons et des chèvres, amène peu à peu la dégradation complète du sol, principalement sur les versants rapides où les éboulements, les glissements de pierrailles et les ravinements ne manquent pas de se produire lorsque surviennent de violents orages.

**Composition et contenance du périmètre.** — La contenance du périmètre de l'Hérault est de 5,499h06a35c, dont 1,745h78a04c sont actuellement la propriété de l'État.

Il comprend les onze séries suivantes :

| | | | |
|---|---|---|---|
| Arboras | 22h | 53a | 10c |
| Le Cros | 90 | 00 | 00 |
| Gorniès | 929 | 83 | 13 |
| Saint-Guilhem-le-Désert | 1,464 | 58 | 88 |
| Saint-Jean-de-Buèges | 565 | 19 | 40 |
| Saint-Jean-de-Fos | 186 | 01 | 10 |
| Saint-Maurice | 683 | 03 | 95 |
| Pégairolles-de-Buèges | 445 | 62 | 26 |

| | |
|---|---|
| Puéchabon | 708 31 21 |
| Saint-Privat | 113 69 32 |
| Sorbs | 290 17 00 |
| Total | 5,499 00 35 |

**Travaux.** — Les seuls travaux à effectuer sont ceux de reboisement proprement dit; ils ont pour but de recouvrir les vastes étendues dénudées du bassin d'un massif forestier qui divisera et ralentira l'écoulement des eaux sur les versants et retardera, par suite, leur concentration soudaine au fond des vallées.

Dans les terrains appartenant déjà à l'État, les reboisements sont effectués au moyen d'essences résineuses; on emploie des jeunes plants de deux à trois ans, élevés dans les pépinières locales. Les essences utilisées sont le pin noir d'Autriche et le laricio de Corse.

Le sol est partout calcaire et rocheux; les altitudes varient de 200 à 800 mètres, et les expositions sont principalement celles du sud et du nord.

Le principal massif existant dans le périmètre est celui de Saint-Guilhem-le-Désert, formé d'un peuplement de pin laricio des Cévennes de 778 hectares.

## DÉPARTEMENT DE LA LOIRE.

### PÉRIMÈTRE DU GIER.

**Description générale du bassin.** — Le mont Pilat est un massif de montagnes granitiques qui est assez nettement isolé entre la Loire et le Rhône et dont les versants tombent, au nord et à l'est, par des pentes raides sur les vallées du Gier et du Rhône.

Le point culminant du massif est à l'altitude de 1,434 mètres.

Des forêts couvrent parfois ses flancs à la partie inférieure et des pâturages occupent les sommets.

Il donne naissance à plusieurs cours d'eau torrentiels, affluents ou sous-affluents du Rhône, dont le Gier est le plus important.

Les pluies sont fréquentes, de courte durée, mais diluviennes.

Le sol, perméable, meuble et très instable, repose sur un sous-sol imperméable et peu affouillable formé par des roches gneissiques et granitiques. Les pentes sont garnies souvent de bruyères et de genêts, impuissants à fixer le sol et à ralentir le ruissellement des eaux pluviales; elles sont occupées quelquefois par des éboulis.

Les ruisseaux qui descendent de ces versants sont de véritables torrents, presque à sec pendant l'été. A la suite des pluies d'orage, ils rassemblent rapidement les eaux de ruissellement et il se produit des crues violentes qui atterrissent ou emportent les barrages d'usines, ensablent les prairies et corrodent les rives.

Il y a donc là des dangers nés et actuels qu'il importe de conjurer dans l'intérêt de la région et qui sont de nature à justifier l'exécution de travaux de restauration.

La contenance totale des quatre communes, Doizieu, la Terrasse-sur-Dorlay, Véranne et la Valla, sur le territoire desquelles ces travaux seront exécutés, est de 9,652 hectares; ces communes sont comprises dans l'arrondissement de Saint-Étienne.

**Composition et contenance du périmètre.** — La contenance du périmètre du Gier, constitué par une loi du 7 août 1910, est de 717h42a90c; les terrains ne sont pas encore la propriété de l'État.

Il comprend les quatre séries suivantes :

| | |
|---|---|
| Doizieu | 83h 88a 50c |
| La Terrasse-sur-Dorlay | 94 71 70 |
| Véranne | 190 33 40 |
| La Valla | 348 49 30 |
| TOTAL | 717 42 90 |

**Travaux.** — La restauration se fera uniquement au moyen de travaux de reboisement, pour lesquels on emploiera surtout des essences résineuses. (Planches 30 à 32.)

30. Département de la Loire. Pépinière de Saint-Étienne.

Phototypie Berthaud, Paris

31. Périmètre du Gier (Loire). Série de la Terrasse-sur-Dorlay.

32. Commune de la Terrasse-sur-Dorlay (Loire). — Plantations de 6 et 7 ans de pins sylvestres et de pins noirs.

# DÉPARTEMENT DE LA HAUTE-LOIRE.

## PÉRIMÈTRE DE L'ALLIER.

**Description du bassin. Altitudes.** — L'Allier prend sa source à 1,423 mètres d'altitude, au mont de la Gardille, dans le département de la Lozère.

Il se dirige d'abord sensiblement du nord au sud, puis, après un parcours de 2 kilomètres environ, il tourne à l'est sur une longueur de 10 kilomètres.

De là, il se dirige vers le nord jusqu'à Langogne, où il s'infléchit vers l'ouest de 20° environ et conserve sensiblement la même direction jusqu'à son confluent avec la Loire, non loin de Nevers.

Dans le département de la Haute-Loire, sa longueur est de 113 kilomètres, sa pente moyenne de 0 m. 004 par mètre, et son débit de 20 mètres cubes en temps ordinaire, de 3 mètres cubes à l'étiage et de 560 mètres cubes en grande crue.

L'affluent le plus important de rive droite est la Senouire dont la longueur est de 56 kilomètres.

Sur la rive gauche, on remarque l'Ance du sud (40 kilom.), dont la source est dans la Lozère, le Seuge (28 kilom.) venant des hauteurs de la Margeride, la Desges (27 kilom.), la Crouce (19 kilom.), le Céroua (32 kilom.) et l'Allagnon.

La pente moyenne de ces cours d'eau dépasse 0 m. 02 par mètre.

La vallée de l'Allier est comprise entre deux chaînes de montagnes à peu près parallèles entre elles et au cours de cette rivière; ce sont les monts du Velay à l'est et les monts de la Margeride à l'ouest.

Le point culminant de la chaîne du Velay atteint 1,423 mètres au mont Devèze, les monts de la Margeride sont jalonnés par de nombreux sommets dépassant 1,400 mètres.

**Conditions géologiques.** — Dans sa partie méridionale, la chaîne du Velay est constituée par des terrains volcaniques, basaltes et scories; au nord ce sont des granites et des gneiss.

Les terrains volcaniques forment, près de la ligne de faîte, des plateaux légèrement inclinés à l'ouest; brusquement les pentes s'accentuent et présentent des escarpements au pied desquels coule l'Allier dans une gorge très étroite, où l'on rencontre de belles colonnades de basalte.

Dans la chaîne de la Margeride, les terrains volcaniques font défaut, sauf dans le voisinage immédiat de l'Allier.

La partie méridionale est constituée par des granites à gros cristaux d'orthose, et la partie septentrionale par des micachistes et des gneiss.

Ces roches se désagrègent facilement pour former une terre sableuse, légère, que les eaux courantes ravinent lorsqu'elle n'est pas protégée par la végétation.

Cette facilité de désagrégation a donné à la montagne un facies généralement adouci, des contours arrondis. Les exceptions ne sont pas rares, toutefois, comme on peut le constater dans les vallées de l'Ance, de la Seuge, de la Desges et de la Cronce, où les pentes dépassent assez souvent 80 et 100 p. 100.

**Climat.** — Le climat est rude dans les parties élevées du bassin; la neige tombe abondamment en hiver et persiste deux ou trois mois à partir de l'altitude de 1,200 mètres.

Les fortes pluies sont fréquentes au printemps et en automne.

Les vents violents, qui viennent de l'ouest, sont un obstacle presque absolu à la végétation forestière sur les sommets.

**Productions.** — Les terres d'origine volcanique des hauts plateaux du Velay sont fertiles; on y cultive l'orge, l'avoine et la pomme de terre qui sont d'un bon rapport. Les forêts sont assez étendues dans la région inférieure.

Au contraire, dans la Margeride, les terres sont trop légères et trop aptes à se dessécher; elles ne permettent guère que la culture du seigle, qui donne souvent de médiocres récoltes. Sur les versants, les forêts de pin sylvestre, puis de hêtre, prennent une certaine extension, mais elles cèdent bientôt la place à de vastes étendues où l'on ne trouve que la bruyère, l'airelle et le nard raide et où les moutons et les chèvres peuvent seuls trouver une maigre nourriture.

**Situation administrative. Contenance. Population.** — Le périmètre de l'Allier s'étend sur 7 communes de l'arrondissement du Puy et 8 communes de l'arrondissement de Brioude.

La contenance totale du bassin est de 190,070 hectares; la population des quinze communes, sur lesquelles porte le périmètre, est de 10,090 habitants.

**État de dégradation du sol.** — De grands espaces de terrains dépourvus de végétation forestière, couverts seulement de bruyères, d'airelles, de genêt avec quelques genévriers, sont souvent sillonnés de ravins.

L'état du sol, joint à la pente, favorise l'écoulement rapide des eaux de pluie qui, subitement rassemblées dans les dépressions, attaquent les terrains qui n'offrent pas une résistance suffisante. Elles se jettent ensuite avec leurs apports dans les cours d'eau voisins, et de là dans l'Allier dont elles rendent les crues subites et dangereuses.

**Composition et contenance du périmètre.** — La contenance du périmètre de l'Allier est de 3,015h60a28c, dont 542h97a79c appartiennent actuellement à l'État.

Il comprend 15 séries, dont trois proviennent d'anciens périmètres revisés :

| | |
|---|---|
| Landos | 13h 99a 34c |
| Saint-Haon | 150 98 24 |
| Saint-Jean-Lachalm | 187 62 04 |
| Vazeilles-près-Saugues | 16 23 27 |
| Croisances | 29 27 35 |
| Chanaleilles | 760 08 89 |
| Grèzes | 667 02 50 |
| La Besseyre-Saint-Mary | 26 77 60 |
| Auvers | 323 45 10 |
| Desges | 239 67 50 |
| Chazelles | 37 14 59 |
| Pinols | 163 08 71 |
| Chastel | 201 28 19 |
| Cronce | 127 36 25 |
| Ferrussac | 71 60 71 |
| Total | 3,015 60 28 |

**Travaux.** — Dans la série de Saint-Jean-Lachalm, située, en terrain volcanique, à l'altitude moyenne de 1,370 mètres, des plantations de pin de Haguenau, de pin d'Auvergne, d'épicéa et de mélèze, ont été effectuées à partir de 1865.

On a commencé en 1886 à substituer à ces essences provisoires du sapin et du hêtre, et ces travaux se continueront au fur et à mesure que les peuplements deviendront exploitables.

Les travaux entrepris depuis 1902 dans la série d'Auvers consistent en plantation de hêtre et d'épicéa et en semis d'épicéa.

La série de Pinols n'a fait l'objet que de quelques travaux de plantation de sapin.

La restauration des terrains qui ne sont pas encore la propriété de l'État sera entreprise exclusivement au moyen de travaux de reboisement, consistant en semis à la volée sur bruyère de graines de pin sylvestre d'Auvergne et d'épicéa, et en plantations effectuées avec les mêmes essences. (Planche 33.)

33. Périmètre de l'Allier (Haute-Loire). Série de Saint-Jean-Lachalm.
Peuplement de pins sylvestres.

## PÉRIMÈTRE DU LIGNON.

**Description du bassin. Altitudes.** — Le Lignon est, dans le département de la Haute-Loire, l'affluent le plus important de la Loire.

Il prend sa source à 1,560 mètres d'altitude, au col de Peccata, entre les monts Mézenc et d'Alambre.

Sa longueur est de 86 kilomètres, ce qui lui donne une pente moyenne de 0 m. 013, mais, dans les neuf premiers kilomètres de son parcours, cette pente s'élève à 0 m. 047.

Son débit moyen est de 22 mètres cubes par seconde. A l'étiage il n'est que de 1 m. c. 800 et par les grandes crues il s'élève à 900 mètres cubes.

Dans sa partie supérieure, son lit est peu encaissé, mais, à partir des environs du Chambon-de-Tence, il coule dans des gorges profondes jusqu'à sa jonction avec la Loire à Pont-de-Lignon. Son seul affluent important est la Dunières, qui prend sa source dans la chaîne des Boutières et dont le cours, profondément encaissé, a une longueur de 34 kilomètres.

La plus grande altitude (1,754 m.) est celle du Mézenc, et la plus faible (465 m.), celle du confluent avec la Loire.

**Conditions géologiques.** — Le bassin du Lignon est constitué, dans sa partie méridionale, par des roches volcaniques, souvent compactes : phonolites, trachytes, basaltes, et dans sa partie septentrionale par des roches de nature granitique.

Dans sa partie moyenne, au sud d'Yssingeaux et au nord-ouest d'Araules, on trouve sur des surfaces relativement restreintes des argiles sableuses bigarrées d'origine lacustre, appartenant à l'époque tertiaire.

Enfin, le long du Lignon, on rencontre çà et là, dans les sections élargies de la vallée, des alluvions modernes.

**Climat.** — Les parties les plus élevées du bassin, situées au sud et constituant le massif du Mézenc et du mont d'Alambre, ont un climat très rude. La neige y tombe abondamment et y persiste jusque vers le 15 juin. Les chutes de neige sont encore abondantes et le climat est rude dans les chaînes du Mégal et des Boutières, qui gardent leur manteau d'hiver jusqu'en mai.

Les vents, ceux du sud surtout, sont extrêmement violents dans ces mêmes régions.

Dans le reste du bassin, le climat est moins rude tout en restant froid.

Les mois les plus pluvieux de l'année sont ceux de mai et de juin.

**Productions.** — Dans les parties les plus élevées du bassin, la principale ressource des habitants sont les fourrages et les pâturages. Les bois manquent complètement. Les récoltes en céréales (orge, avoine) sont peu abondantes.

Dans les parties moyennes et basses, les productions consistent en bois, fourrages, pâturages, céréales (avoines, orges, seigle). Les forêts de pin y sont nombreuses et donnent principalement des étais pour le boisage des mines. Les sapinières sont rares et les autres essences forestières ne donnent que des revenus insignifiants.

**Situation administrative. Contenance. Population.** — Le bassin du Lignon est situé dans les arrondissements du Puy et d'Yssingeaux.

Sa contenance est de 60,120 hectares. La populations des communes sur lesquelles porte le périmètre est de 23,040 habitants environ; cinq de ces communes sont comprises dans l'arrondissement du Puy et les deux autres dans l'arrondissement d'Yssingeaux.

**État de dégradation du sol.** — Les anciennes séries sont

aujourd'hui plus ou moins boisées; en tout cas, la végétation herbacée, au moins, couvre aujourd'hui le sol, et nulle part il n'existe plus de traces de ravinement.

Dans les séries en projets, le sol est dénudé et par place raviné, comme aux Vastres et à Tence. Cet état est dû tantôt à l'abus du pâturage sur des pentes rapides, tantôt à l'extraction des mottes de gazon avec lesquelles les habitants du pays se chauffent et font leur cuisine.

Cette dénudation a pour conséquence l'écoulement rapide des eaux météoriques et le ravinement des terrains meubles.

Les matériaux arrachés aux pentes des montagnes sont entraînés dans le Lignon directement ou par l'intermédiaire de ses affluents, et, de là, ils vont à la Loire dont ils contribuent à ensabler le lit.

**Composition et contenance du périmètre.** — Le périmètre du Lignon comprend huit séries, dont cinq ont été constituées en exécution de l'article 16 de la loi du 4 avril 1882.

Sa contenance est de 1,651$^h$ 15$^a$ 26$^c$, dont 1,188$^h$ 77$^a$ 15$^c$ sont déjà la propriété de l'État.

La répartition de cette contenance entre les séries est la suivante :

| | | | |
|---|---|---|---|
| Saint-Front | 139$^h$ | 25$^a$ | 58 |
| Chaudeyrolles | 193 | 29 | 22 |
| Champclause | 429 | 83 | 96 |
| Fay-le-Froid | 184 | 84 | 00 |
| Les Vastres | 85 | 86 | 76 |
| Tence | 20 | 13 | 40 |
| Araules | 444 | 81 | 11 |
| Yssingeaux | 153 | 11 | 23 |
| TOTAL | 1,651 | 15 | 26 |

**Travaux.** — Les terrains appartenant à l'État sont tous plus ou moins boisés.

Dans les séries de Saint-Front et de Chaudeyrolles, d'une contenance de 332 hectares, placées à la source même du Lignon, on trouve du pin à crochets, du pin cembro, de l'épicéa, du mélèze, du sapin, du hêtre.

Les parties basses de la série de Saint-Front renferment des peuplements d'épicéa, de pin à crochets, de sapin et de hêtre qui, si on tient compte de l'altitude, sont de venue satisfaisante. Plus haut, le pin cembro remplace ces essences; quoique croissant très lentement, il a l'aspect vigoureux.

Dans la série de Chaudeyrolles, les peuplements sont moins complets; ils sont constitués par les mêmes essences que ceux de Saint-Front.

Dans l'une et l'autre série, l'âge des peuplements varie entre 8 ans et 40 ans.

Le sol est phonolitique; les terrains sont exposés au nord et les altitudes sont comprises entre 1,300 et 1,751 mètres.

Dans les séries d'Araules, de Champclause et d'Yssingeaux, le reboisement est complet, âgé de 20 à 43 ans. Les essences qui constituent les peuplements sont le pin de Haguenau, le pin d'Auvergne, l'épicéa et, en bien moindre proportion, le sapin et le hêtre. Ces séries sont aujourd'hui régies par des règlements d'exploitation prescrivant des coupes annuelles d'éclaircies.

Ces éclaircies portent surtout sur les pins de Haguenau, dont la plupart sont dépérissants ou d'une végétation languissante. Elles sont suivies de plantations, en vue de constituer la forêt définitive, avec le sapin, le hêtre et l'épicéa, sans toutefois en exclure systématiquement le pin d'Auvergne dont les beaux sujets sont conservés.

Le prix de vente de ces éclaircies varie entre 3 et 7 francs le cent de fagots sur pied; le prix du bois de stère varie entre 1 et 2 francs, et celui des étais de mine entre 1 fr. 50 et 3 fr. 50 le mètre cube.

L'ensemble de ces trois séries, qui a une étendue de 356 hectares, offre toutes les expositions; son altitude moyenne est de 1,250 mètres.

Le sol, assez fertile, est en partie phonolitique et en partie basaltique.

La restauration des terrains qui pourront être acquis par l'État se fera exclusivement au moyen de travaux de reboisement.

## PÉRIMÈTRE DE LA LOIRE SUPÉRIEURE.

**Description du bassin. Altitudes.** — La Loire, qui naît au pied occidental du Gerbier de Jones, dans l'Ardèche, à l'altitude de 1,500 mètres, pénètre dans le département de la Haute-Loire par 884 mètres d'altitude, après un parcours de 26 kilomètres.

A partir de ce point, si on fait abstraction de la petite plaine de Bas-en-Basset, sur une longueur de 5 à 6 kilomètres, son lit est profondément encaissé jusqu'à son débouché dans la plaine du Forez.

Sa longueur dans le département, qu'elle quitte par 414 mètres d'altitude, est de 129 kilomètres. Son débit est de 7 mètres cubes à Brives-Charensac et de 80 mètres cubes entre Pont-de-Lignon et Bas. Aux mêmes points elle donne, à l'étiage, 3 m. c. 8 et 16 mètres cubes, et par les grandes crues 545 mètres cubes et 3,400 mètres cubes.

Pris dans son ensemble, ce bassin est exposé au nord.

Sur la Loire viennent s'embrancher de nombreux affluents dont les directions sont très diverses. Toutefois, la direction dominante est à peu près perpendiculaire à ce fleuve.

Le caractéristique de la Loire, dans la section considérée, est d'être très encaissée; il en est de même de tous ses affluents.

L'ensemble du bassin forme un grand plateau incliné vers le nord et sillonné par des gorges profondes. La monotonie du paysage est toutefois rompue par les nombreux sucs volcaniques qui ont déversé sur les granites et les argiles sableuses d'épaisses couches de basaltes et de scories.

Ce n'est guère qu'autour des sucs et sur les berges des cours d'eau que les déclivités du sol s'accentuent et deviennent parfois très fortes.

Les parties inférieures et moyennes du bassin ont une proportion presque suffisante de surfaces boisées, sauf cette remarque que les massifs, constitués avec du pin sylvestre, sont rarement complets et, par suite, n'ont qu'une action restreinte sur le ruissellement des eaux de pluie ou de neige. Dans la partie supérieure il n'en est pas de même; d'immenses espaces sont complètement dépourvus de toute végétation arborescente. On peut citer à titre d'exemple le vaste plateau qui s'étend d'Allègre à Pradelles, les territoires des communes des Estables, de Freycenet-la-Cuche, du Monastier, de Laussonne, etc.

La plus forte altitude (1,754 m.) est celle du Mézenc et la plus faible (465 m.) celle du confluent de la Loire et du Lignon.

**Conditions géologiques.** — Le bassin de la Loire est constitué surtout par des roches volcaniques : trachytes, phonolites, basaltes divers, scories, pouzzolanes, etc. On y trouve aussi les granites, les granulites et d'importants dépôts lacustres formés d'argiles sableuses souvent bigarrées. Les alluvions anciennes et modernes sont rares; à peine quelques lambeaux de Coubon à Pontvianne, à Saint-Vincent et dans la petite plaine de Bas.

**Climat.** — Le climat, très rude dans les parties les plus élevées, rude sur les plateaux à l'altitude moyenne de 1,000 mètres, est tempéré dans les parties basses.

La neige tombe abondamment et persiste jusqu'à la fin de mai dans les parties les plus élevées, sur le plateau jusqu'en avril, plus bas jusqu'en mars.

Les vents du sud y sont particulièrement violents.

**Productions.** — A raison des différences d'altitudes, les productions sont variées. Au-dessus de 1,100 mètres d'altitude on ne trouve guère que des pâturages et des fourrages. Sur les plateaux, entre 800 et 1,100 mètres, on cultive l'avoine, l'orge de brasserie et le seigle dans les terrains granitiques; les fourrages aussi y sont abondants. Au-dessous de 800 mètres on cultive aussi toutes les céréales et les lentilles dont il se fait un grand commerce. Les bois, qui donnent surtout des étais pour le boisage des mines, sont également une production importante.

**Situation administrative. Contenance. Population.** — Le bassin de la Loire supérieure est compris dans les arrondissements du Puy et d'Yssingeaux. Sa contenance est de 68,380 hectares; la population des communes sur le territoire desquelles est situé le périmètre est de 28,780 habitants environ.

**État de dégradation du sol.** — Les anciennes séries sont toutes restaurées et couvertes de végétation forestière, et sur les points très rares où elle fait encore défaut, la végétation herbacée protège efficacement le sol.

Dans les séries en projet, au contraire, le sol est raviné ou tout au moins dénudé. Cet état est dû tantôt à l'abus du pâturage, tantôt au manque de végétation forestière sur des terrains qui ne sauraient en être privés sans être exposés au ravinement, tantôt, enfin, aux érosions d'un cours d'eau torrentiel sur des rives argilo-sableuses.

Ces ravinements et ces érosions ont pour résultats d'occasionner l'apport de matériaux dans la Loire et, par suite, l'exhaussement et l'ensablement de son lit.

**Composition et contenance du périmètre.** — Le périmètre de la Loire supérieure s'étend sur le territoire de 20 communes de l'arrondissement du Puy.

Seize séries ont été constituées en exécution des dispositions de l'article 16 de la loi du 4 avril 1882.

La contenance totale du périmètre est de 2,161$^{h}$ 06$^{a}$ 89$^{c}$, dont 2,030$^{h}$ 60$^{a}$ 82$^{c}$ sont déjà la propriété de l'État.

Cette contenance se répartit ainsi qu'il suit entre les diverses séries :

| | | | |
|---|---|---|---|
| Lafarre | 54$^{h}$ | 66$^{a}$ | 59$^{c}$ |
| Brives-Charensac | 6 | 26 | 22 |
| Les Estables | 531 | 38 | 37 |
| Freycenet-la-Cuche | 269 | 65 | 53 |
| Freycenet-la-Tour | 20 | 00 | 00 |
| Le Monastier | 30 | 91 | 10 |
| Le Bouchet | 70 | 21 | 70 |
| Séneujols | 72 | 14 | 31 |
| Cayres | 296 | 89 | 37 |
| Laussonne | 14 | 58 | 50 |
| Montusclat | 102 | 66 | 55 |
| Saint-Julien-Chapteuil | 266 | 15 | 57 |
| Saint-Germain-la-Prade | 18 | 76 | 11 |
| Ceyssac | 7 | 66 | 01 |
| Espaly-Saint-Marcel | 10 | 10 | 10 |
| Queyrières | 202 | 01 | 33 |
| Saint-Pierre-Eynac | 33 | 69 | 77 |
| Malrevers | 52 | 56 | 90 |
| Rosières | 54 | 27 | 34 |
| Beaulieu | 46 | 45 | 50 |
| TOTAL | 2,161 | 06 | 89 |

**Travaux.** — Le but des travaux entrepris est la régularisation du régime de la Loire. De plus, on a créé des ressources en bois dans des régions qui en étaient complètement dépourvues, puisque les populations en étaient réduites à utiliser les mottes de gazon pour les usages domestiques.

Les travaux exécutés ont consisté en semis et plantations d'essences diverses : pin de Haguenau, pin sylvestre d'Auvergne, pin

34. Périmètre de la Loire supérieure (Haute-Loire). Série de Cayres.
Pins sylvestres avec épicéas et sapins.

35. Périmètre de la Loire supérieure (Haute-Loire). Série des Estables.
Plantation de pins cembros à 1400 mètres d'altitude.

36. Périmètre de la Loire supérieure (Haute-Loire). Série de Saint-Julien-Chapteuil.
Pins sylvestres de 40 ans.

à crochets, pin cembro (exceptionnellement et sur les crêtes les plus élevées du Mézenc seulement), épicéa, sapin, hêtre.

Si on en excepte la partie élevée de la série des Estables, partout ailleurs on a obtenu des massifs âgés aujourd'hui de 20 à 40 ans, promettant le meilleur avenir. Ils sont soumis à des règlements d'exploitation prescrivant des éclaircies.

Les éclaircies portent surtout sur le pin de Haguenau dont le dépérissement a commencé depuis plusieurs années. Elles sont suivies de plantations de sapin et de hêtre en sous-étage, afin de compléter le massif. Ces deux essences, avec l'épicéa, donnent des résultats on ne peut plus satisfaisants.

A part la petite série de Laussonne et une partie de celle de Lafarre, toutes les autres sont en terrain volcanique : phonolites, basaltes divers et scories. Le sol est presque toujours de profondeur et de fertilité suffisante pour la culture forestière.

Les expositions sont très diverses, parfois dans la même série. Les altitudes varient beaucoup; elles sont comprises entre 700 et 1,750 mètres.

Les travaux de reboisement seront uniquement employés pour la restauration des terrains qui pourront être acquis par l'État et rattachés au périmètre actuel. (Planches 34 à 36.)

## DÉPARTEMENT DE LA LOZÈRE.

### PÉRIMÈTRE DE L'ALLIER SUPÉRIEUR.

**Description du bassin. Altitudes.** — L'Allier, qui sort du versant méridional de la montagne de la Gardille, à 1,423 mètres d'altitude, coule d'abord sensiblement du nord au sud, puis, après un parcours de 2 kilomètres environ, tourne à l'est sur une longueur de 10 kilomètres, jusqu'à la Bastide. De là il se dirige vers le Nord, puis à Langogne il s'infléchit vers l'ouest de 20 degrés environ.

De la Bastide à Langogne il forme la limite entre les départements de la Lozère et de l'Ardèche sur une longueur de 15 kilomètres; il sépare ensuite la Lozère et la Haute-Loire sur une longueur égale, entre Langogne et le confluent du Chapeauroux.

Le bassin est limité à l'ouest par les crêtes des montagnes de la Margeride et de la Gardille, qui sont réunies par le plateau élevé du Palais-du-Roi.

Les affluents importants de l'Allier sont le Langouyron, qui descend de la Gardille, et le Chapeauroux et l'Ance, qui prennent naissance dans la Margeride.

Les altitudes principales sont celles du Maure de la Gardille (1,501 m.), du col de la Pierre Plantée, entre la Gardille et la Margeride (1,265 m.), du sommet de la Margeride (1,516 m.), et de la jonction de l'Allier et du Chapeauroux (740 m.).

**Conditions géologiques.** — Les granites, les micaschistes et les schistes séricíteux occupent la plus grande partie de la région; les basaltes apparaissent aux environs de Langogne et de Laval-Atger.

Les micaschistes dominent sur la Gardille et constituent une grande partie des terrains dégradés par les eaux.

**Climat.** — Le climat est très rigoureux sur les sommets de la Margeride et de la Gardille; il est rude dans toute l'étendue du bassin.

La neige persiste pendant plusieurs mois chaque année.

Les pluies sont abondantes sur tout le bassin; elles sont particulièrement intenses au sud, dans la région des torrents.

**Productions.** — Les ressources du pays consistent dans les pâturages et les bois.

Les pâturages couvrent plus de la moitié de la superficie; on les utilise pour l'élevage des bêtes à cornes et des bêtes à laine.

Les deux essences forestières principales sont le hêtre et le pin sylvestre.

Le hêtre, cultivé en taillis fureté sur les flancs de la Gardille, fournit du bois de chauffage.

Le pin sylvestre constitue, sur les plateaux du centre, des massifs étendus.

Il est utilisé comme bois d'industrie et il s'en fait un commerce important à Langogne.

**Situation administrative. Contenance. Population.** — Le bassin de l'Allier est situé dans l'arrondissement de Mende.

Sa contenance est de 75,000 hectares. La population des communes renfermant des terrains à restaurer est de 3,120 habitants environ.

**État de dégradation du sol.** — Si le Chapeauroux et l'Ance sont peu torrentiels, il en est autrement de l'Allier supérieur et du Langouyron; sur les versants de leurs vallées, le sol est couvert d'un maigre gazon s'appauvrissant d'année en année, les excoriations sont nombreuses et des torrents rongent la montagne et en entraînent les débris dans le lit de l'Allier.

La désagrégation active des roches, un pâturage excessif, le ruissellement des eaux pluviales sur une mince couche de sol friable, les pentes très fortes enfin ont entraîné la désagrégation du terrain.

**Composition et contenance du périmètre.** — La contenance du périmètre de l'Allier supérieur, constitué par une loi du 22 novembre 1904, est de 1,092^h 57^a 52^c, dont 464^h 48^a 48^c appartiennent à l'État.

Il comprend les quatre séries suivantes :

| | |
|---|---|
| Chasseradès | 252^h 05^a 80 |
| Puylaurent | 107 10 94 |
| Luc | 334 32 98 |
| Saint-Paul-le-Froid | 398 97 80 |
| Total | 1,092 57 52 |

**Travaux.** — La série de Saint-Paul, actuellement reboisée, est comprise entre les altitudes de 1,250 et 1,450 mètres.

Le pin à crochets est l'essence dominante, il occupe surtout les parties élevées; il s'est emparé très rapidement du sol et atteint, à l'âge de 10 ans, 2 m. 50 à 3 mètres de hauteur.

Le mélèze, l'épicéa, le hêtre et le sapin ont aussi donné de bons résultats, ces deux derniers paraissent être les essences définitives à adopter.

## PÉRIMÈTRE DU CHASSÉZAC.

**Description du bassin. Altitudes.** — Trois cours d'eau torrentiels, la Borne, le Chassézac et l'Altier, qui se réunissent en un même point désigné sous le nom de Pied-de-Borne, situé à l'altitude de 335 mètres environ, occupent la partie du département de la Lozère comprise entre le bassin de la Loire et celui de la Garonne.

La Borne descend du Tanargue et sépare, sur 15 kilomètres environ, les départements de la Lozère et de l'Ardèche. Son lit, profondément encaissé, est à l'altitude de 615 mètres à la partie aval; sa pente moyenne est de 1.8 p. 100.

La source du Chassézac se trouve au plateau de Montbel, à 1,200 mètres d'altitude. Après avoir quitté le plateau, il coule dans des gorges rocheuses qui s'élargissent un peu dans les environs de Prévenchères. La longueur de son cours, jusqu'au Pied-de-Borne, est de 31 kilomètres, et la différence d'altitude de ses extrémités, de 565 mètres, correspondant à une pente moyenne de 2.78 p. 100.

L'Altier prend sa source dans le massif du Lozère, à l'altitude de 1,400 mètres.

Sa vallée, d'abord assez large, se resserre bientôt et se termine par des gorges étroites. Son cours présente une longueur de 40 kilomètres et sa pente moyenne est de 2.66 p. 100.

Les principaux affluents sont les ruisseaux de Combreval, de Fustugeires, du Goulet, des Gouttes, de Rougemal et de Malacombe pour le Chassézac, et ceux de Pomaret, de Cubiérettes, de Pailhères et du Sapet pour l'Altier.

Les déclivités sont fortes et les versants sont souvent escarpés.

L'altitude maxima (1,683 m.) est celle du sommet de l'Aigle sur le mont Lozère, et l'altitude minima (303 m.), celle du confluent du Sapet et du Chassézac.

**Conditions géologiques.** — Les terrains éruptifs et les terrains cristallins dominent. Le granite se trouve dans les communes de Belvezet, Peurcharesses, Saint-Jean et Villefort, les micaschistes dans les communes de Chasseradès, Puylaurent, Prévenchères et Saint-Frézal, et les schistes séricteux à Pourcharesse, Prévenchères, Cubières, Cabiérettes, Altier, Combret, Villefort et les Balmelles.

On rencontre de plus des assises du jurassique inférieur sur le plateau de Montbel et, sur une petite étendue, dans les communes de Cubières et d'Altier.

**Climat.** — Le climat est rude sur les hauteurs où, à partir de 900 mètres, la neige s'accumule pendant l'hiver et persiste jusqu'au mois de mai.

Les pluies ne sont pas très fréquentes, mais elles sont très intenses; à Villefort, la hauteur annuelle de pluie dépasse 2 mètres.

Les vents, qui viennent du nord, de l'ouest et du sud, sont souvent très violents.

**Productions.** — La seule ressource importante des habitants consiste dans l'élevage du bétail, bêtes à cornes et bêtes à laine.

Il existe encore des châtaigneraies assez étendues sur les versants inférieurs des vallées, et les produits qu'on en retire ont une certaine valeur aux environs de Villefort, mais cette production tend à diminuer.

**Situation administrative. Contenance. Population.** — Le bassin du Chassézac est situé dans l'arrondissement de Mende.

L'étendue des communes qui renferment des terrains à restaurer est de 36,986 hectares, et leur population de 7,000 habitants environ.

**État de dégradation du sol.** — Les granites, les micaschistes et les schistes séricitenx se désagrègent très facilement lorsqu'ils ne sont pas couverts de végétation; il en est de même des calcaires du jurassique inférieur.

De plus, les eaux ruissellent avec rapidité sur les pentes à cause de l'imperméabilité du sous-sol.

Il résulte de cet ensemble de circonstances un état torrentiel nettement accusé par les blocs de roche, souvent volumineux, transportés par les cours d'eau avec d'abondants matériaux détritiques qui sont entraînés dans la partie inférieure du cours du Chassézac.

**Composition et contenance du périmètre.** — La contenance du périmètre du Chassézac, constitué par une loi du 7 août 1910, est de 6,141h 11a 46c, dont 1,162h 86a 06c sont actuellement la propriété de l'État.

Il comprend les treize séries suivantes :

| Série | h | a | c |
|---|---|---|---|
| Belvezet | 145 | 39 | 30 |
| Saint-Frézal-d'Albuges | 147 | 78 | 70 |
| Chasseradès | 522 | 10 | 82 |
| Puylaurent | 191 | 60 | 58 |
| Prévenchères | 1,683 | 37 | 28 |
| Saint-Jean-Chazorne | 164 | 95 | 70 |
| Cubiérettes | 297 | 81 | 64 |
| Cubières | 564 | 97 | 44 |
| Altier | 811 | 79 | 80 |
| Combret | 94 | 86 | 80 |
| Pourcharesses | 938 | 47 | 32 |
| Les Balmelles | 352 | 28 | 29 |
| Villefort | 225 | 67 | 79 |
| TOTAL | 6,141 | 11 | 46 |

**Travaux.** — La restauration des terrains ne comporte que l'exécution de travaux de reboisement.

Dans la série de Prévenchères, situé entre le Chassézac et la Borne, à l'altitude de 850 à 1,250 mètres, le sol, sans profondeur et sec, est presque entièrement schisteux. Le climat est froid en hiver, chaud et sec en été. Dans ces conditions, les plantations seules peuvent réussir.

Les essences employées sont le mélèze, l'épicéa, le pin sylvestre, le pin laricio de Corse, le pin à crochets, le hêtre, le châtaignier et le chêne rouvre.

Dans la série voisine de Saint-Jean on a utilisé l'épicéa et les pins.

La série de Pourcharesses occupe, entre 1,150 et 1,650 mètres d'altitude, la partie orientale du mont Lozère. Le climat est extrêmement rigoureux sur le plateau; le sol est granitique, sans profondeur sur les versants.

Le hêtre et le sapin sont les essences employées dans les parties moyenne et inférieure de la série.

Sur le plateau on a utilisé le pin à crochets, le mélèze, l'épicéa, le sapin et le hêtre.

La contenance actuellement reboisée est de 947 hectares.

## PÉRIMÈTRE DE LA TRUYÈRE.

**Description générale du bassin.** — La Truyère descend du versant occidental de la Margeride. Elle part de l'altitude de 1,380 mètres, coule d'abord de l'est à l'ouest, puis se dirige vers le nord-ouest, pénètre dans le Cantal où son cours s'infléchit vers le sud-ouest; elle entre enfin dans l'Aveyron et se jette dans le Lot à Entraygues, à 500 mètres d'altitude environ.

Son affluent le plus important dans la Lozère est le Mézère, qui descend aussi de la Margeride.

L'altitude maxima (1,486 m.) est celle du sommet de la Margeride, et l'altitude minima (760 m.), celle du point où la Truyère quitte le département de la Lozère.

Le granite porphyroïde à grands cristaux d'orthose, englobant des amas et des filons de granulite, occupe la partie du bassin de la Truyère comprise dans le département de la Lozère.

Dans la région de la Margeride, le climat est froid et les pluies sont souvent abondantes; les pentes sont fortes et le sol est généralement dégradé.

**Composition et contenance du périmètre.** — Le périmètre ne comprend actuellement qu'une seule série, celle de Saint-Denis, dont la contenance est de 239^h 56^a 15^c.

**Travaux.** — La série de Saint-Denis est située sur le versant occidental de la Margeride, à une altitude variant de 1,340 à 1,480 mètres.

Les essences employées jusqu'à ce jour sont l'épicéa, le mélèze, le pin à crochets et le hêtre; on pourra peut-être introduire plus tard le sapin dans les parties basses de la série.

## PÉRIMÈTRE DU LOT SUPÉRIEUR.

**Description du bassins. Altitude.** — Le bassin du Lot supérieur présente l'aspect d'un plateau accidenté dont le bord méridional est assez profondément entaillé de l'est à l'ouest, par le lit de la rivière.

Cet affluent de la Garonne prend sa source à 1,250 mètres d'altitude, sur le versant méridional de la montagne de la Goulet.

Les pentes sont généralement très fortes.

L'altitude maxima (1,702 m.) se trouve sur le mont Lozère et l'altitude minima (650 m.) est celle du Lot à Chanac.

**Conditions géologiques.** — La partie occidentale du bassin est occupée par les assises de la série jurassique qui se prolonge vers l'est suivant deux branches, dont l'une s'étale sur le plateau de Montbel et l'autre, beaucoup moins étendue, se trouve aux environs du Bleymard.

Le mont Lozère est constitué par le granite, que l'on retrouve sur le versant sud de la Margeride.

Entre les deux massifs et sur la montagne de la Goulet on rencontre, outre les couches jurassiques, des schistes sériciteux, soit seuls, soit accompagnés de gneiss.

A l'ouest du mont Lozère on trouve les causses de Mende et de Sauveterre qui laissent voir, sur leurs pentes abruptes, les divers étages du lias surmontés par les couches du jurassique moyen.

**Climat.** — L'intensité des pluies croît de l'ouest à l'est. La lame d'eau annuelle qui est de 0 m. 70 à Mende, atteint 0 m. 90 au Bleymard et 1 m. 30 au mont Lozère.

La température subit des fluctuations étendues, brusques et fréquentes dont les moyennes ne donnent aucune idée; sur les causses, il peut geler en toute saison.

Les hivers sont particulièrement froids sur le mont Lozère, où le vent du nord contribue à rendre les hauteurs inhabitables.

**Productions.** — Les sommets et les plateaux sont utilisés pour le parcours des troupeaux, des moutons notamment.

Quelques cultures occupent le fond des vallées.

Les forêts sont rares et ne comprennent guère que les séries de reboisement.

**Situation administrative. Contenance. Population.** — Le bassin du Lot supérieur est situé dans les arrondissements de Mende et de Marvejols.

Sa contenance est de 42,000 hectares et sa population de 13,500 habitants environ.

**État de dégradation du sol.** — Les granites et les micaschistes se désagrégent très vite dès qu'ils ne sont pas protégés par la végétation.

Les assises jurassiques sont résistantes, mais la terre végétale qui les recouvre est enlevée par les pluies et de plus les roches, fragmentées surtout par les variations brusques de température, fournissent de nombreux débris qui sont entraînés sur les pentes et dans les thalwegs.

Les anciennes forêts ont presque entièrement disparu, mais l'influence favorable du reboisement commence à être sensible.

**Composition et contenance du périmètre.** — La contenance du périmètre du Lot supérieur, constitué par une loi du 30 juillet 1898, est de 3,541$^h$38$^a$24$^c$, dont 2,878$^h$97$^a$36$^c$ appartenant déjà à l'État.

Il comprend les treize séries suivantes :

| | h | a | c |
|---|---|---|---|
| Le Bleymard | 331 | 58 | 20 |
| Saint-Julien-du-Tournel | 181 | 84 | 11 |
| Chadenet | 363 | 56 | 61 |
| Sainte-Hélène | 83 | 29 | 70 |
| Pelouse | 228 | 51 | 59 |
| Badaroux | 321 | 63 | 41 |
| Mende | 794 | 94 | 34 |
| Chastel-Nouvel | 51 | 59 | 71 |
| Balsièges | 564 | 61 | 35 |
| Barjac | 200 | 05 | 71 |
| Cultures | 67 | 21 | 72 |
| Esclanèdes | 145 | 74 | 80 |
| Chanac | 206 | 76 | 99 |
| TOTAL | 3,541 | 38 | 24 |

**Travaux.** — Abstraction faite de quelques travaux de correction sans importance, la restauration du terrain a été entreprise au moyen du reboisement.

Les peuplements déjà créés sont âgés de 1 à 45 ans; les essences employées sont le pin noir, le pin sylvestre, le pin à crochets, l'épicéa, le mélèze, le cèdre et le sapin.

Les essences définitives paraissent devoir être, dans l'avenir, le hêtre, l'épicéa et le sapin; les altitudes sont comprises entre 650 et 1,250 mètres.

La contenance actuellement reboisée est de 2,857 hectares.

## PÉRIMÈTRE DU VALDONNEZ.

**Description du bassin. Altitudes.** — Le Valdonnez, affluent du Lot, prend naissance, à l'altitude de 1,500 mètres environ, sur le versant méridional du mont Lozère.

Ce cours d'eau torrentiel se dirige vers le sud-ouest pendant la première partie de son cours et descend à l'altitude de 1,200 mètres environ, puis il s'infléchit vers le nord-ouest et va se jeter dans le Lot à Balsièges, à 685 mètres d'altitude.

Il a pour principaux affluents la Nize, dont la source est située sur le mont Lozère, et le Lançon qui descend de Montmirat.

La longueur de son cours est de 22 kilomètres environ.

L'altitude de sa source étant de 1,500 mètres et celle de son confluent avec le Lot de 685 mètres, sa chute totale est de 815 mètres et sa pente moyenne de 3.7 p. 100.

L'altitude maxima (1,561 m.) est celle du roc du Laubies, sur le mont Lozère.

**Conditions géologiques. Climat. Productions.** — En partant de l'ouest, le bassin est occupé par des calcaires dolomitiques du jurassique moyen, au-dessous desquels s'étagent sur les pentes les différentes formations du jurassique inférieur.

A l'est émergent des terrains plus anciens, schistes d'abord, puis granites.

On rencontre le granite en abondance dans le fond de la vallée du Valdonnez qui en a charrié de très grandes quantités et roule encore aujourd'hui de gros blocs utilisés pour les constructions.

Le climat et les productions sont les mêmes que dans le bassin du Lot supérieur.

**État de dégradation du sol.** — Les versants présentent de fortes pentes. La terre végétale fait souvent défaut et la roche

**37.** Périmètre du Valdonnez (Lozère). Série de Saint-Étienne.
Pins noirs et pins sylvestres de 20 ans ; plantations à 1000 mètres d'altitude.

38. Périmètre du Valdounez (Lozère). Série de Saint-Beauzile. — Chênes, hêtres et pins noirs à 800 mètres d'altitude.

sous-jacente, fragmentée par les alternatives de gelée et de dégel ou de sécheresse et d'humidité et par les variations brusques de température, est entraînée par les eaux pluviales.

Les crues locales sont subites et violentes; les matériaux qu'elles charrient forment des dépôts stériles de sable, de galets et de blocs.

Lors des orages, les eaux concentrées rapidement dans la vallée principale arrivent en masses énormes dans le Lot dont elles aggravent les crues.

**Composition et contenance du périmètre.** — La contenance du périmètre du Valdonnez constitué par une loi du 7 août 1910 est de 4,546^h^45^a^36^c^, dont 3,363^h^69^a^73^c^ appartiennent actuellement à l'État.

Il comprend les cinq séries suivantes :

| | |
|---|---|
| Lanuéjols | 1,012^h^ 91^a^ 96^c^ |
| Brenoux | 228 25 84 |
| Saint-Étienne-du-Valdonnez | 1,467 09 06 |
| Saint-Beauzile | 1,544 80 06 |
| Les Bondons | 292 98 44 |
| TOTAL | 4,546 45 36 |

**Travaux.** — La restauration des terrains ne comporte que l'exécution de travaux de reboisement.

Les altitudes varient de 750 à 1,850 mètres; le sol est calcaire à l'ouest, schisteux et surtout granitique à l'est.

Sur les sols calcaires le pin noir est l'essence dominante; on y trouve en mélange l'épicéa et, en petite quantité, le sapin, le mélèze, le pin à crochets et le hêtre.

Sur les terrains non calcaires, les peuplements sont composés de pins à crochets, mélèzes, épicéas, sapins, pins laricios de Corse, pins noirs et hêtres.

L'âge des bois varie de 1 à 45 ans; la contenance actuellement reboisée est de 2,781 hectares. (Planches 37 et 38.)

## PÉRIMÈTRE DU TARN.

**Description du bassin. Altitudes.** — Le bassin du Tarn comprend deux parties bien distinctes.

La partie orientale est caractérisée par l'existence de trois massifs montagneux, la Lozère, le Bougès et l'Aigoual, séparés par de profondes vallées.

La partie occidentale, au contraire, est un vaste plateau coupé de deux vallées profondes de 300 à 600 mètres, au fond desquelles coulent de l'est à l'ouest le Tarn et la Jonte, son affluent principal.

Ce plateau porte les noms de causse de Sauveterre au nord et de causse Méjean au sud.

Dans la partie orientale, le Tarnon, qui descend de l'Aigoual, amène ses eaux dans le Tarn en coulant du sud au nord. Il reçoit les eaux de la Mimente avant de se jeter dans le Tarn.

Le Tarn prend sa source au mont Lozère à 1,570 mètres d'altitude, la Mimente au Bougès à 1,100 mètres, le Tarnon et la Jonte à l'Aigoual à 1,295 et 1,050 mètres.

Les altitudes extrêmes sont 337 mètres au confluent du Tarn et de la Jonte et 1,702 mètres au point culminant du mont Lozère. Le Bougès n'atteint que 1,424 mètres; il est dépassé par l'Aigoual qui s'élève à 1,567 mètres.

La région des causses est comprise entre 900 et 1,200 mètres.

**Conditions géologiques.** — La partie orientale du bassin appartient aux époques géologiques anciennes. Sur les trois grandes montagnes précitées le granite est à découvert. Au-dessous, on rencontre des schistes primaires qu'on retrouve dans le fond des vallées du Tarn supérieur et de ses affluents surmonté de gradins successifs, représentant des terrains plus récents, du trias et de la série jurassique.

Comme partout ailleurs, les causses sont constitués par des calcaires fortement dolomitiques.

**Climat.** — Dans l'est, les fortes altitudes des montagnes entraînent les rigueurs de l'hiver, l'abondance des neiges, la violence des vents.

Les pluies sont diluviennes, elles atteignent une moyenne de 1 m. 70 de hauteur annuelle.

Sur le causse il peut geler en toute saison. Les vents sont violents et les hivers rigoureux, mais les journées d'été sont sèches et brûlantes et les pluies sont rares.

**Productions.** — Le bassin du Tarn offre des cultures variées, celle des céréales notamment, pourtant où le sol est suffisamment profond et où l'altitude ne dépasse pas 1,000 mètres.

Au delà, le terrain est utilisé comme pâturage, surtout pour les moutons.

La vigne est cultivée sur les versants situés aux expositions chaudes; les amandiers abondent sur les pentes calcaires et les châtaigniers occupent les parties moyennes et basses des terrains schisteux.

Les forêts ne sont pas très étendues et sont presque improductives actuellement; les reboisements domaniaux récents en constituent la plus grande partie.

**Situation administrative. Contenance. Population.** — Le bassin du Tarn est situé dans les arrondissements de Florac et de Mende.

Sa contenance est de 109,600 hectares et sa population de 19,800 habitants environ.

**État de dégradation du sol.** — Les inondations sont très violentes et se répètent très souvent. Les cours d'eau, charriant des



IMPRIMERIE NATIONALE.

blocs énormes, emportent les ponts, les clôtures, les routes et parfois les habitations.

Sur les versants, les fortes pluies ravinent profondément le sol, la terre végétale est balayée ou couverte de dépôts stériles.

**Composition et contenance du périmètre.** — La contenance du périmètre du Tarn, constitué par une loi du 27 juillet 1895, est de 10,714h62a13c, dont 7,952h71a79c appartiennent actuellement à l'État.

Il comprend les vingt et une séries suivantes :

| Série | h | a | c |
|---|---|---|---|
| Pont-de-Montvert | 1,283h | 91a | 13c |
| Cocurès | 30 | 17 | 75 |
| Les Bondons | 409 | 73 | 54 |
| Bédouès | 507 | 65 | 48 |
| Florac | 273 | 13 | 08 |
| Ispagnac | 605 | 92 | 73 |
| Quézac | 181 | 15 | 03 |
| Montbrun | 169 | 41 | 76 |
| Saint-Maurice-de-Ventalon | 668 | 04 | 37 |
| Saint-Privat-de-Vallongue | 438 | 50 | 10 |
| Saint-André-de-Lancize | 419 | 20 | 05 |
| Cassagnas | 952 | 82 | 42 |
| La Salle-Prunet | 419 | 21 | 96 |
| Bassurels | 1,748 | 88 | 84 |
| Fraissinet-de-Fourques | 629 | 10 | 92 |
| Gatuzières | 137 | 86 | 46 |
| Meyrueys | 1,089 | 53 | 78 |
| Sainte-Énimie | 441 | 53 | 15 |
| Saint-Chély-du-Tarn | 56 | 77 | 40 |
| Rousses | 113 | 49 | 42 |
| Prades | 138 | 52 | 76 |
| TOTAL | 10,714 | 62 | 13 |

**Travaux.** — Quelques travaux de consolidation sans importance ont été effectués dans les ravins, mais la restauration est

39. Périmètre du Tarn (Lozère). Série de Pont-de-Montvert.
Pins à crochets, pins sylvestres et mélèzes à l'altitude de 1000 mètres.

40. Périmètre du Tarn (Lozère). Série projetée de Saint-Pierre-des-Tripiers.

Phototypie Berthaud, Paris

obtenue surtout au moyen du reboisement par voie de plantations, comme dans les autres périmètres du département de la Lozère.

Sur les terrains calcaires on a employé le pin noir, avec quelques épicéas dans les sols profonds.

Dans les schistes et les granites on a utilisé, suivant l'altitude, le pin à crochets, le mélèze, l'épicéa, le sapin, le hêtre, le pin sylvestre, le châtaignier dans les parties inférieures et le robinier sur les berges des ravins.

La contenance actuellement reboisée est 6,713 hectares. Les peuplements sont âgés de 1 à 22 ans. (Planches 39 et 40.)

## PÉRIMÈTRE DES GARDONS.

**Description du bassin. Altitudes.** — Le bassin des Gardons est une région schisteuse profondément découpée par des rivières torrentielles, appelées Gardons, qui se réunissent aux environs d'Alais.

Les principaux sont le Gardon d'Alais, le Gardon de Mialet et le Gardon de Sainte-Croix, son affluent.

Le Gardon de Saint-Jean est situé dans le département du Gard.

Cette région, très différente comme aspect du reste du département, est très accidentée; elle porte plus spécialement le nom de Cévennes.

Tout le bassin est en pente vers le sud-est. Les sommets les plus élevés se trouvent sur les limites du nord et de l'ouest. La ligne de crête ne dépasse guère 1,000 mètres d'altitude; elle s'élève cependant dans le voisinage de l'Aigoual et atteint 1,359 mètres sur cette montagne.

Les vallées sont à de faibles altitudes; ainsi Collet-de-Dèze est à 314 mètres et Saint-Étienne à 267 mètres.

**Conditions géologiques. Climat. Productions.** — Le bord occidental du bassin est limité par des causses appartenant au jurassique moyen. Ces étendues dolomitiques sont bordées de grès triasiques. Au-dessous apparaissent les schistes primaires qui s'étendent sur tout le reste du bassin.

Le climat est doux. Les vents soufflent avec violence sur les hauteurs. Les pluies sont souvent torrentielles; leur hauteur annuelle est de 1 mètre Elles tombent souvent par à-coup et causent alors de grands ravages.

Les hauteurs sont livrées parfois au parcours des troupeaux, surtout des troupeaux de moutons, mais la plus grande partie du terrain est occupée par des châtaigniers, qui tendent à disparaître.

**Situation administrative. Contenance. Population.** — Le bassin des Gardons est situé dans l'arrondissement de Florac.

Sa contenance est de 35,000 hectares et sa population de 8,900 habitants environ.

**État de dégradation du sol.** — Le sol n'est pas encore partout dégradé. Sur les hauteurs, les abus de pâturages ont souvent détruit la couverture protectrice du terrain, mais les châtaigneraies avaient jusqu'ici protégé les versants. Leur disparition progressive entraîne la dégradation rapide du sol, qui ne peut avoir pour conséquence que d'aggraver les dangers des inondations déjà si redoutables.

**Composition et contenance du périmètre.** — Le périmètre des Gardons, constitué par une loi du 27 juillet 1898, a une contenance de 1,933$^h$60$^a$73$^c$, dont 931$^h$38$^a$59$^c$, sont actuellement la propriété de l'État.

Il comprend les huit séries suivantes:

| | |
|---|---|
| Saint-Martin-de-Boubeaux | 241$^h$83$^a$33$^c$ |
| Collet-de-Dèze | 10 27 50 |
| Saint-Martin-de-Lansucle | 461 54 90 |

| | | | |
|---|---|---|---|
| Saint-Germain-de-Calberte | 444 | 92 | 48 |
| Saint-Étienne-Vallée-Française | 166 | 93 | 29 |
| Molézon | 251 | 39 | 60 |
| Sainte-Croix-Vallée-Française | 57 | 24 | 21 |
| Moissac | 299 | 40 | 42 |
| TOTAL | 1,933 | 60 | 73 |

**Travaux.** — Les terrains reboisés et restant à reboiser sont en général dénudés ou garnis de touffes de bruyères, le sol est siliceux.

Dans la série de Moissac, où l'altitude varie de 250 à 550 mètres, on a employé le pin maritime et le pin laricio de Corse.

Dans les autres séries, comprises entre 650 et 1,050 mètres (Collet-de-Dèze, Saint-Martin, et Saint-Germain), on a utilisé le pin laricio de Corse, le pin sylvestre et l'épicéa.

La contenance actuellement reboisée est de 614 hectares.

## PÉRIMÈTRE DE LA CÈZE.

**Description du bassin. Altitudes.** — La Cèze prend naissance sur le territoire de la commune de Saint-André-Capcèze, dans un des contreforts orientaux du mont Lozère.

Elle sort bientôt du département de la Lozère pour entrer dans celui du Gard qu'elle traverse de l'ouest à l'est jusqu'à son confluent avec le Rhône, après un cours d'environ 96 kilomètres.

Le bassin de ce cours d'eau comprend deux petits îlots séparés par la commune de Concoules (Gard) et qui renferment l'un, dans la commune de Saint-André-Capcèze, le bassin supérieur de la Cèze et l'autre, dans la commune de Vialas, le bassin du Luech, son affluent.

Le territoire de Saint-André ne s'élève guère au delà de 1,000 mètres; la Cèze en sort à 450 mètres environ.

Le point le plus bas de la commune de Vialas est à 400 mètres et le point le plus élevé 1,490 mètres. Toute la partie septentrionale se trouve à plus de 1,200 mètres.

**Conditions géologiques.** — La commune de Saint-André est traversée du nord au sud par la faille qui joint Villefort à Génolhac. Cette faille coupe les schistes précambriens dans la partie septentrionale de la commune, mais au sud-ouest elle sépare les schistes du granite.

La commune de Vialas est assise sur des schistes de l'époque primaire à travers lesquels sort le granite qui forme l'ossature du mont Lozère. Entre les deux roches les schistes ont été granitisés sur une largeur de plusieurs kilomètres.

**Climat. Productions.** — L'hiver est doux au fond des vallées et rigoureux sur les hauteurs; l'été est très tempéré dans la montagne et chaud dans les vallées.

Les pluies sont très abondantes; la lame d'eau annuelle atteint 1 m. 70 à Vialas et 1 m. 80 près de Villefort.

Les vents sont violents sur le mont Lozère et la neige y séjourne pendant cinq ou six mois.

L'élevage du bétail et la culture du châtaignier sont les principales ressources de la région

**Situation administrative. Contenance. Population.** — La commune de Saint-André-Capcèze fait partie de l'arrondissement de Mende et celle de Vialas de l'arrondissement de Florac.

La contenance des deux communes est de 1,196$^{h}$71$^{a}$10$^{c}$ et leur population de 1,670 habitants environ.

**État de dégradation du sol.** — Le sol est dégradé par un pâturage excessif et le sera plus encore lorsque les châtaigneraies, qui maintiennent les terres sur les pentes, auront disparu en partie.

Sur les montagnes pelées, improductives, que l'on aperçoit déjà actuellement, les eaux de pluie détrempent les versants dénudés, ruissellent avec des monceaux de débris arrachés au sol et causent des inondations qui ravagent tout sur leur passage.

**Composition et contenance du périmètre.** — La contenance du périmètre de la Cèze, constitué par une loi du 10 août 1904, est de 1,412$^{h}$ 05$^{a}$ 07$^{c}$ dont 381$^{h}$ 57$^{a}$ 45$^{c}$ appartiennent à l'État.

Il comprend deux séries, savoir :

| | |
|---|---|
| Saint-André-Capcèze | 215$^{h}$ 33$^{a}$ 97$^{c}$ |
| Vialas | 1,196 71 10 |
| TOTAL | 1,412 05 07 |

**Travaux.** — De même que dans toute la région, la restauration du sol ne comporte que l'exécution de travaux de reboisement.

Ces travaux sont de commencement récent. Les essences qui ont été employées sont les suivantes dans la série de Vialas : hêtre, sapin, épicéa, mélèze et pin à crochets.

Dans la commune de Saint-André, on utilisera le sapin, l'épicéa, le hêtre et le châtaignier.

# DÉPARTEMENT DU PUY-DE-DÔME.

## PÉRIMÈTRE DE LA SIOULE.

**Description du bassin. Altitudes.** — La Sioule, affluent de l'Allier, prend sa source dans le massif des monts Dore, au lac de Servières, qui occupe un ancien cratère, à l'altitude de 1,200 mètres.

Elle se précipite d'abord rapidement sur un trajet de 12 kilomètres par des gorges étroites et profondes suivant une pente moyenne de 37 millimètres par mètre.

Elle poursuit ensuite sa course vers le nord avec une allure toujours aussi capricieuse, mais avec une pente dix fois moindre, et atteint la limite du département du Puy-de-Dôme à 100 kilomètres environ de sa source. De là elle s'infléchit brusquement vers l'est pour aller se jeter dans l'Allier à 50 kilomètres plus loin, à une altitude de 230 mètres. Son débit moyen à la sortie du département est de 20 mètres cubes, de 6 mètres cubes à l'étiage et de 300 mètres cubes et plus aux grandes crues.

Ces variations dans le débit sont dues aux apports de nombreux affluents.

Le bassin occupe un vaste plateau accidenté, doucement incliné vers le nord, et constitué essentiellement par des terrains primitifs (gneiss et micaschistes) recouverts d'épanchements granitiques sur la moitié environ de la superficie.

De loin en loin, par places restreintes et nettement circonscrites, on rencontre de petits monticules de basalte ou de hauts remparts de porphyre. A l'est et au sud se dressent en bordure les chaînes des mont Dôme et des mont Dore, formés par des éruptions successives de trachyte, de basalte et de laves modernes, et marginés par des dépôts détritiques provenant de ces roches : argiles sableuses, grès et alluvions volcaniques. Longeant du sud-ouest au nord-est la limite occidentale du bassin sur une bande large de 600 mètres à peine mais longue de plus de 30 kilomètres, un puissant gisement houiller, exploité par place; un peu partout injectés dans les masses primitives, des filons métallifères plus ou moins importants dont l'exploitation, très active autrefois, paraît s'être aujourd'hui ralentie; ça et là, dans les parties les moins resserrées des vallées, quelques tâches d'alluvions modernes, le plus souvent recouvertes de prairies, tel est à grands traits, le tableau minéralogique de la région.

Le bassin supérieur de la Sioule occupe 40 kilomètres dans sa plus grande largeur, de la chaîne des Dômes à la limite occidentale du département; il comprend les bassins de la «haute Sioule» et de son affluent «le Sioulet», dit aussi Sioule de Pontaumur.

Le bassin moyen, beaucoup plus resserré et large de 20 kilomètres à peine, s'étend du confluent du Sioulet à la limite nord du département.

Les plus grandes altitudes sont celles du puy de Dôme (1,465 m.), du puy de Balladon (1,494 m.) et de la baume d'Ordanche (1,515 m.); la plus faible est celle de la Sioule à sa sortie du département (316 m.).

**Climat.** — Le climat de la région est rude, malgré la médiocre altitude des plateaux et caractérisé par de brusques écarts de température.

Les pluies de printemps sont très abondantes et déterminent des crues soudaines.

L'été voit succéder des séries de violents orages à des sécheresses prolongées. L'hiver enfin est long et rigoureux et marqué par de fortes chutes de neige dans les massifs montagneux.

**Productions.** — En ce qui concerne les productions naturelles du sol le bassin de la Sioule se divise en deux régions. La région pastorale s'étend sur le quart environ de la superficie totale.

Elle comprend naturellement la zone montagneuse qui circonscrit le bassin du côté du sud-est, et englobe surtout les terrains volcaniques, de la chaîne des Dômes au mont Dore.

La région agricole occupe tout le surplus.

Elle s'étend sur la région des plateaux. Elle produit quelques fruits, du seigle, de l'orge, du blé noir, de l'avoine et des pommes de terre.

Elle renferme une proportion considérable (environ 20 p. 100) de terres incultes à l'état de landes couvertes de bruyères, livrées au parcours des bêtes à laine.

Les bois occupent 10 p. 100 environ de son étendue. Ils comprennent des taillis simples de chêne et des perchis d'essences résineuses.

**Situation administrative. Contenance. Population.** — La partie du bassin comprise dans le département du Puy-de-Dôme s'étend sur 21 communes de l'arrondissement de Clermont et 56 de l'arrondissement de Riom.

La contenance est de 137,500 hectares et sa population de 72,600 habitants.

**État de dégradation du sol.** — Les dégradations du sol qu'on a eu à combattre étaient peu importantes.

A raison de la nature solide des roches, les eaux superficielles décapent peu à peu les versants sans les entailler; parvenues au fond du thalweg elles suivent un lit à peu près inaffouillable.

Cette solidité de la roche rendait faciles les quelques travaux de correction qu'on a cru devoir entreprendre et le reboisement a été l'objet presque unique des efforts tentés.

**Composition et contenance du périmètre.** — Le périmètre de la Sioule a été constitué en exécution de l'article 16 de la loi du 4 avril 1882.

Sa contenance est de 587$^h$ 90$^a$ 91$^c$ appartenant à l'État.

Il comprend les huit séries suivantes :

| | |
|---|---|
| Montfermy | 55$^h$ 27$^a$ 30$^c$ |
| Queuille | 74 85 32 |
| Saint-Gervais | 173 30 05 |
| Châteauneuf | 43 10 74 |
| Blot-l'Église | 70 42 10 |
| Chapdes-Beaufort | 62 73 30 |
| Combrailles | 62 30 60 |
| Miremont | 45 91 50 |
| TOTAL | 587 90 91 |

**Travaux.** — Les reboisements entrepris sous l'empire de la loi du 28 juillet 1860 avaient pour premier objectif de créer d'importants massifs forestiers capables de retenir les terres sur les pentes et de contribuer à la régularisation du régime général du cours d'eau.

La revision du périmètre, qui a entraîné la réduction de sa contenance à 587$^h$ 91$^a$, n'a pas eu à cet égard de conséquences fâcheuses, attendu qu'une notable partie des 2,089 hectares ainsi distraits du périmètre a pu rester soumise au régime forestier, et que le maintien ou l'amélioration de l'état boisé y a par suite été assuré.

Sous l'empire de la loi du 4 avril 1882, des réfections ont été entreprises au moyen des essences indigènes ou introduites tant au moyen du semis que de la plantation.

Pour le pin sylvestre, on a employé le semis à la volée sur les terrains garnis de bruyères courtes; ailleurs, on a dû recourir au semis par potets, qui a été adopté aussi pour le chêne rouvre.

Les essences utilisées dans les plantations ont été les suivantes : le pin sylvestre, l'épicéa, le chêne rouvre, le hêtre et le bouleau.

En fait, les deux modes de reboisement, semis et plantations, ont été employés simultanément le plus souvent.

Les travaux sont depuis longtemps terminés et les peuplements obtenus sont en bon état de végétation. (Planche 41.)

41. Périmètre de la Siaule (Puy-de-Dôme). — Peuplement de pins sylvestres.

## DÉPARTEMENT DU TARN.

### PÉRIMÈTRE DE L'AGOUT.

**Description générale du bassin.** — L'Agout, affluent du Tarn, traverse de l'est à l'ouest le département de ce nom, où il pénètre à l'altitude de 600 mètres.

Ses principaux affluents sont la Vèbre et le Thoré.

La partie du bassin à considérer, en ce qui concerne le reboisement, comprend les communes de Murat-sur-Vèbre dans la vallée de la Vèbre, et d'Anglès et de Labastide-Rouairoux dans la vallée du Thoré.

Le gneiss, avec granulite, occupe toute l'étendue de ces trois communes.

Cette roche, par sa désagrégation, fournit un sol très friable et très susceptible d'être dégradé et raviné.

Le climat, froid en hiver, est chaud et sec en été. Des pluies violentes sont assez fréquentes en automne.

L'élevage du bétail est la principale ressource de la région montagneuse; le fond de la vallée du Thoré est occupé par des établissements industriels et les inondations y sont particulièrement redoutées.

Les trois communes sont situées dans l'arrondissement de Castres.

Les terrains compris dans le périmètre sont à une altitude de 800 à 1,150 mètres à Murat, de 600 à 850 mètres dans les deux autres séries.

**Composition et contenance du périmètre.** — La contenance des terrains appartenant à l'État est de $555^{h}\,72^{a}\,90^{c}$; elle pourra être augmentée de 136 hectares.

L'étendue de 555$^h$ 72$^a$ 90$^c$ forme les trois séries suivantes :

| | |
|---|---|
| Murat-sur-Vèbre | 264$^h$ 90$^a$ 38$^c$ |
| Anglès | 85 83 46 |
| Labastide-Rouairoux | 204 99 06 |
| Total | 555 72 90 |

**Travaux.** — La restauration des terrains ne comprend que des travaux de reboisement.

Dans la série de Murat, entièrement reboisée, on a employé le sapin, le cèdre, l'épicéa et le hêtre.

Dans la série de Labastide on a utilisé le hêtre et le sapin dans les parties moyennement élevées et le pin sylvestre et le chêne rouvre dans les parties basses.

# RÉGION DES PYRÉNÉES.

## DÉPARTEMENT DE L'ARIÈGE.

### PÉRIMÈTRE DE LA HAUTE ARIÈGE.

**Description du bassin. Altitudes.** — Le bassin supérieur de l'Ariège s'étend de Mercus à la frontière de la République d'Andorre où ce cours d'eau prend naissance.

A partir de sa source la rivière coule du sud au nord jusqu'a Ax, en servant de limite entre la France et l'Andorre sur 10 kilomètres environ, puis à partir d'Ax elle s'infléchit vers le nord-ouest jusqu'à Tarascon, pour reprendre ensuite la direction du nord

Les principaux affluents de droite sont les ruisseaux des Bézines, du Nabre, de la Lauze, de Sorgeat, d'Ignaux, de Vaychis, de Caussou, de Génat, d'Arnave et de Mercus; ceux de gauche sont les ruisseaux de Sisca, de Baldarques, de Nagear, de Lagal, de Luzenac, d'Aston et les rivières du Vicdessos, de Rabat et du Saurat dont les bassins comprennent le périmètre dit du Vicdessos.

La longueur totale de l'Ariège, depuis sa source jusqu'à Mercus, est de 55 kilomètres environ.

Sa pente moyenne est de 0.08 dans la première partie de son cours, de 0.01 dans la deuxième et de 0.006 à partir de Tarascon.

La plus grande altitude (2,911 m.) est celle de la Serrère et la plus faible (466 m.) celle de l'Ariège à Mercus.

**Conditions géologiques.** — Le bassin de la haute Ariège est en grande partie de formation ancienne.

Les granites ont surgi au milieu des schistes primaires qui ont été métamorphisés dans le voisinage et au contact des roches éruptives.

Ces divers terrains occupent la majeure partie du bassin, formant un noyau compact entouré de toutes parts et traversé par une bande silurienne de schistes rouges argileux, maclifères, chargés de fer.

Au nord de la bordure silurienne apparaît une bande étroite de terrains plus récents : jurassique inférieur, jurassique moyen et crétacé inférieur.

Enfin au delà le granite reparaît pour former le massif du Saint-Barthélemy.

**Climat.** — Le climat de la partie haute du bassin est un climat de montagne; les hivers sont longs et la neige abondante, les étés sont très chauds et relativement secs.

Dans la vallée principale, à partir du village des Cabannes, le climat est beaucoup plus doux; pendant l'hiver, les précipitations atmosphériques tombent le plus souvent sous forme de pluie.

Les orages sont fréquents et affectent la forme de trombes d'eau s'abattant brusquement sur les versants.

**Productions.** — L'élevage du bétail et l'agriculture sont la source des principales productions de la région. Les villages du bassin possèdent tous de nombreux troupeaux de chevaux, de bêtes à cornes et surtout de moutons.

Les produits récoltés comprennent les fourrages, la pomme de terre et les céréales.

D'assez importantes forêts occupent encore une partie des versants; ce sont, dans le haut du bassin, des sapinières et des taillis de hêtre, puis des taillis de chêne dans les parties basses.

Les forêts occupaient autrefois une place plus considérable dans le bassin.

Leur disparition partielle est surtout due aux forges à la catalane qui étaient très nombreuses dans la région.

**Situation administrative. Contenance. Population.** — Le bassin supérieur de l'Ariège est situé dans l'arrondissement de Foix. Sa contenance est de 90,000 hectares et sa population de 14,800 habitants environ.

**État de dégradation du sol.** — Les schistes siluriens se désagrègent très facilement, les micachistes à feuillets minces redressés qu'on rencontre assez souvent sont disloqués par les agents atmosphériques, les dépôts sur les pentes ne présentent qu'une faible résistances à l'action des eaux. Par suite des fortes pentes des versants et de la fréquence des avalanches et des orages, ces divers terrains sont facilement dégradés et ravinés.

Les régions les plus exposées sont les communes de l'Hospitalet, parcourue par les avalanches, de Méreus où un ravin est entré récemment dans une période de violente activité, d'Orln où de nombreux matériaux encombrent les versants, de Verdun où de trop fréquents désastres se sont produits, enfin de Perles-Castelet où le torrent du Lagal est devenu menaçant à raison de la grande quantité de matériaux déposés dans son lit et du défaut de stabilité de ses berges.

**Composition et contenance du périmètre.** — La contenance du périmètre de la haute Ariège, constitué par les lois du 18 juillet 1906 et du 29 avril 1907, est de 356h 55a 02c dont 282h 68a 94c sont la propriété de l'État.

Il comprend quatre séries :

| | |
|---|---|
| L'Hospitalet | 172h 00a 00c |
| Mérens | 42 72 00 |
| Orlu | 64 42 00 |
| Verdun | 77 41 02 |
| Total | 356 55 02 |



IMPRIMERIE NATIONALE.

**Travaux.** — La série de l'Hospitalet s'étend sur un versant exposé à l'ouest, parcouru par les avalanches et compris entre le altitudes de 1,400 et 2,000 mètres.

Pour fixer la neige sur le sol et la maintenir dans les couloirs on a eu recours à des travaux de reboisement et de correction.

Les essences qui ont donné les meilleurs résultats sont le mélèze, le hêtre, le sorbier et le bouleau; le hêtre a été employé jusqu'à 1,800 mètres.

Les travaux de corrections ont consisté dans l'établissement de banquettes et de murs d'arrêt.

Les banquettes, moitié en déblai et moitié en remblai, ont une largeur variant de 1 m. 25 à 2 m. 25 suivant la pente du terrain; le talus de remblai, dont le fruit est de 25 p. 100, est fixé au moyen de mottes de gazon.

Les murs d'arrêts destinés à retenir la neige dans la partie supérieure des couloirs ont été construits en pierre sèche, avec une hauteur de 3 mètres à l'amont, une épaisseur de 1 mètre au couronnement et un fruit de 20 p. 100; on a employé pour leur construction de gros blocs de granite qui ont été disposés autant que psssible par assises horizontales. Ils sont munis à l'aval d'une banquette en maçonnerie destinée à donner un point d'appui à la neige qui s'accumule contre le parement et qui s'en détachait brusquement non sans danger pour les habitants.

La série de Mérens est recouverte, sur la moitié de son étendue, d'éboulis qui se repeuplent en partie au moyen des graines de sapin transportées par le vent.

Sur le reste de la surface on a effectué des plantations de mélèze, de pin à crochets, de hêtre, de frêne et d'aune blanc.

On a procédé à la correction du torrent des Canals en construisant des barrages rectilignes en pierre sèche, présentant une hauteur de 2 mètres et protégés par des radiers de 6 mètres de longueur.

Le torrent de Moulines, dans la série de Verdun, coule, après

42. Périmètre de la Haute-Ariège (Ariège). Série de Mérens,
Partie moyenne du ravin de Canals.

la réunion des deux branches qui le constituent, dans un bassin rocheux d'abord, puis creusé dans d'épais dépôts reposant sur le granite.

Les principaux affluents de rive gauche, le rec de Coties et le rec de Gascou, traversent des terrains sableux et marneux et leurs berges sont sujettes à s'ébouler.

Les phénomènes torrentiels bien connus qui se sont produits à Verdun à diverses reprises sont dus aux mêmes causes : crues subites provenant d'un ruissellement intense sur tout le bassin, éboulement des berges des ravins affluents. Il a fallu, par suite, avoir recours à des travaux de reboisement et de correction.

On a effectué des plantations de pin sylvestre, hêtre, aune blanc, robinier et frêne et des enherbements de berges au moyen de graines de fétuque ovine et d'anthyllide vulnéraire.

La contenance totale reboisée est de 204 hectares.

Le torrent de Moulines présentant un lit relativement stable, on a pu procéder à la correction, au moyen de barrages en maçonnerie, des affluents dangereux, rec de Coties et rec de Gascou, sans construire d'ouvrages dans le torrent principal.

De plus, on a supprimé une rigole d'irrigation, et des drainages ont mis fin aux éboulements qui se produisaient dans une des branches du torrent. (Planche 42.)

## PÉRIMÈTRE DU VICDESSOS.

**Description du bassin. Altitude.** — Le Vicdessos, dont la source est située dans le massif du Montcalm, à 3,000 mètres d'altitude, se jette dans l'Ariège à Tarascon, après un parcours de 34 kilomètres.

Les deux branches supérieures se réunissent au hameau de Marc à l'altitude de 1,000 mètres. De ce point, il coule d'abord vers le nord dans une profonde vallée de fracture avec une pente de 12 p. 100 ; d'Auzat à Capoulet il se dirige vers l'est et sa pente moyenne tombe à 1.8 p. 100; il reprend ensuite jusqu'à Tarascon la direction du nord avec une pente moyenne de 1.5 p. 100. Ses principaux affluents sont les ruisseaux de Goulier et de Sem et l'importante rivière de Siguer.

L'altitude la plus forte (3,143 m.) est celle du pic d'Estats et la plus faible (476 m.) celle du confluent du Vicdessos avec l'Ariège à Tarascon.

**Conditions géologiques.** — Le haut bassin jusqu'à Capoulet est formé de granites, de micaschistes et de gneiss, puis de schistes siluriens.

En aval de Capoulet, le bassin est occupé par des calcaires jurassiques au milieu desquels le crétacé affleure sur quelques points.

Des dépôts de toute origine de l'époque quaternaire recouvrent sur beaucoup de points le substratum rocheux; c'est dans ces terrains que sont creusés les torrents de la région.

**Climat.** — Dans la partie supérieure du bassin le climat est celui de la haute montagne; les hivers sont longs et froids et les été très chauds.

En aval du confluent du Vicdessos et de la rivière de Siguer, le climat devient plus doux, la neige tombe plus rarement et elle ne séjourne guère sur le sol.

Les orages sont assez fréquents; ils sont habituellement très violents.

**Productions.** — L'élevage du bétail et en particulier du mouton fournit les principales ressources des communes de la partie supérieure du bassin; les pâtures communales et domaniales occupent une très grande étendue dans cette région.

Dans les parties inférieures du bassin, l'importance de l'industrie pastorale diminue; les versants sont en partie couverts de forêts, sapinières et taillis de hêtre dans les parties élevées, taillis de hêtre et de chêne dans la zone inférieure.

**Situation administrative. Contenance. Population.** — Le bassin du Vicdessos est compris dans l'arrondissement de Foix.

Sa contenance est de 47,000 hectares et sa population de 16,650 habitants environ.

**État de dégradation du sol.** — Les causes naturelles de la dégradation du sol sont les mêmes que dans le bassin de la haute Ariège : pentes excessives, désagrégation rapide des roches, avalanches, brusques fontes de neige, orages violents.

L'appauvrissement ancien des forêts dû à la multiplicité des forges et les excès de pâturage sur des versants très inclinés ont aussi contribué aux érosions et aux ravinements sur les schistes siluriens et sur les terrains de dépôt.

**Composition et contenance du périmètre.** — La contenance du périmètre du Vicdessos est de 1,447$^h$ 73$^a$ 95$^c$, dont 1,260$^h$ 06$^a$ appartiennent à l'État. Il comprend cinq séries :

| | |
|---|---|
| Auzat | 1,151$^h$ 15$^a$ 48$^c$ |
| Suc-et-Sentenac | 23 81 01 |
| Goulier-et-Olbier | 76 56 33 |
| Gestiès | 189 05 99 |
| Siguer | 7 15 14 |
| TOTAL | 1,447 73 95 |

**Travaux.** — La série d'Auzat s'étend principalement sur la zone moyenne des versants; elle est formée de terrains domaniaux grevés de droits d'usage au profit des communes de l'ancien bailliage de Vicdessos et constitue la moyenne partie des pâturages de printemps et d'automne du territoire d'Auzat.

Ces pâturages de demi-saison étant indispensables à l'industrie pastorale, on ne peut procéder au rachat des droits d'usage.

Pour concilier les intérêts en jeu, on a pris le parti de reboiser un certain nombre de cantons que l'on a mis en défens, tandis que les intervalles sont restés disponibles pour le pâturage; puis, au fur et à mesure que les peuplements créés seront défensables on les livrera aux usagers pour mettre en défens et reboiser des surfaces équivalentes.

Dans les cantons réservés pour le reboisement, les altitudes varient de 1,200 à 2,000 mètres. Le sol provient le plus souvent de la désagrégation des schistes siluriens; quelquefois il est formé par des terrains de transport enchâssant des blocs d'assez fortes dimensions.

Les principales essences qui ont été employées sont le pin à crochets, le mélèze, l'épicéa et le hêtre.

Les travaux de correction exécutés dans les ravins consistent en barrages de petites dimensions en pierre sèche.

Des banquettes ont dû être construites aux points de départ d'avalanches.

Les reboisements, qui présentent tous les âges jusqu'à 40 ans, sont en bon état de végétation.

La série de Suc-et-Sentenac a été créée en vue de l'amélioration du torrent de Baillères creusé dans de l'arène renfermant de gros blocs de granite.

L'altitude est comprise entre 1,000 et 1,500 mètres, on a planté des pins à crochets dans la partie supérieure; puis, en descendant, des mélèzes, des épicéas et des pins sylvestres et on commence à introduire des hêtres en sous-étage.

Le torrent a été corrigé par la construction de petits barrages en pierre sèche et les berges ont été fixées au moyen de boutures de saules et de plants d'aune blanc et d'aune glutineux.

Les peuplements, âgés de 19 à 25 ans, sont d'une belle venue, mais les arbres sont parfois brisés par l'amoncellement des neiges;

43. Périmètre de Vicdessos (Ariège). Série de Suc-et-Sentenac. Affluent corrigé du torrent de Baillères.

44. Périmètre du Vicdessos (Ariège). Série de Goulier.
Plantation de pins noirs de 18 ans, à 1400 mètres d'altitude.

45. Périmètre de Vicdessos (Ariège). Série de Goulier. — Plantation de bouleaux et de résineux de 20 ans.

46. Périmètre du Vicdessos (Ariège). Série de Goulier.
Vue d'ensemble du ravin de Breyte après correction et reboisement.

pour remédier à ce danger dans l'avenir on repeuple les vides en essences feuillues : hêtre, bouleau, sorbier, etc.

Dans la série de Goulier-et-Olbier, comprise entre 1,400 et 1,800 mètres, les reboisements ont été effectués avec des mélèzes et des pins à crochets, âgés actuellement de 9 à 24 ans.

La contenance totale reboisée est de 1,048 hectares.

Les ravins de Breyte, de Courtaillous et de Lacoste ont été fixés par la construction de barrages en pierre sèche.

Enfin des banquettes ont dû être établies aux points de départ des avalanches. Ces ouvrages ont une largeur de 2 mètres; leur talus aval est soutenu par de petits murs en pierre sèche ou par des mottes de gazon superposées. (Planches 43 à 46.)

# DÉPARTEMENT DE L'AUDE.

## PÉRIMÈTRE DE L'AUDE MOYENNE.

**Description générale du bassin.** — L'Aude part du lac d'Aude, situé dans les Pyrénées-Orientales à 2,147 mètres d'altitude.

Après avoir coulé pendant 5 kilomètres environ de l'ouest à l'est, la rivière se dirige vers le nord, traverse le Capcir et pénètre dans l'Ariège au sud de la forêt du Carcanet. Au nord de cette même forêt elle fait limite entre l'Ariège et l'Aude et entre dans ce département à la hauteur des bains d'Usson. A peu de distance de là elle se dirige vers l'est jusqu'à l'extrémité de la forêt de Navarre où elle coule de nouveau vers le nord en traversant les gorges de Saint-Georges avant d'arriver à Axat et les gorges de Pierre-Lys entre Axat et Quillan.

Ses affluents les plus importants sont : l'Aiguette sur la rive droite et le Rébenty sur la rive gauche.

On rencontre du granite et des schistes siluriens au sud, quelques lambeaux de schistes dévoniens et une tache granitique dans le bassin du Rébenty, mais le terrain dominant est constitué par les couches aptiennes du crétacé inférieur.

Les été sont chauds; les hivers, très froids, commencent assez tard.

Les orages sont assez fréquents et sont généralement violents.

L'élevage du bétail, l'exploitation et le transport des bois constituent les ressources des habitants de la région montagneuse. Le plateau de Sault, traversé par la vallée du Rébenty, présente des cultures variées et productives; il en est de même du cirque de Quillan.

Les forêts de sapins occupent les versants de rive droite de la vallée de l'Aude et la partie supérieure de la vallée du Rébenty.

Le bassin de l'Aude moyenne est situé dans l'arrondissement de Limoux.

Les roches se désagrègent rapidement sous l'influence des agents atmosphériques et le sol se ravine quand il n'est pas suffisamment protégé par la végétation. Les débris qui se détachent des hautes falaises calcaires roulent sur les pentes, le plus souvent très fortes, et encombrent les cours d'eau dont elles rendent les crues encore plus dangereuses.

**Composition et contenance du périmètre.** — La contenance du périmètre projeté de l'Aude moyennne est de 2,585h 76a 93c.

Il comprend vingt et une séries :

| | | | |
|---|---|---|---|
| Escouloubre | 387h | 42a | 00c |
| Le Bousquet | 122 | 21 | 83 |
| Campagna-de-Sault | 271 | 53 | 03 |
| Sainte-Colombe-sur-Guette | 211 | 54 | 50 |
| Aunat | 21 | 55 | 59 |
| Bessède-de-Sault | 65 | 10 | 48 |
| Le Clat | 149 | 27 | 98 |
| Axat | 90 | 22 | 43 |
| Saint-Martin-Lys | 218 | 07 | 54 |
| Quirbajou | 185 | 23 | 78 |
| Belvianes | 141 | 82 | 79 |
| Roquefort-de-Sault | 93 | 43 | 15 |
| La Fajolle | 67 | 58 | 40 |
| Niort | 26 | 95 | 00 |
| Mazuly | 7 | 68 | 78 |
| Galinagues | 100 | 13 | 48 |
| Espezel | 51 | 95 | 81 |
| Belfort | 38 | 50 | 07 |
| Rodome | 49 | 40 | 67 |
| Joucou | 107 | 39 | 51 |
| Marsa | 178 | 70 | 11 |
| TOTAL | 2,585 | 76 | 93 |

**Travaux.** — On aura recours au reboisement seul pour restaurer les terrains dégradés. Les essences provisoires à employer seront le pin à crochets, le pin sylvestre et le pin noir. (Planche 47.)

## PÉRIMÈTRE DE L'AGLY SUPÉRIEURE.

**Description générale du bassin.** — Le bassin de l'Agly supérieure comprend les parties des bassins de l'Agly, de la Boulzanne et du Verdouble situées dans le département de l'Aude.

L'Agly prend sa source dans les Corbières, à l'altitude de 750 mètres environ, non loin du Pech de Bugarach, et, après un parcours de quelques kilomètres dans l'Aude suivant une direction ouest-est, s'infléchit vers le sud jusqu'à Saint-Paul pour reprendre ensuite la direction de l'est jusqu'à son embouchure, à 2 kilomètres au sud de l'étang de Leucate.

La Boulzanne, qui prend naissance à 1,300 mètres environ dans le massif de Salvanère, se dirige du sud au nord jusqu'à la Pradelle, puis coule vers l'est pour entrer à Caudiès dans le département des Pyrénées-Orientales et se jeter dans l'Agly à Saint-Paul, à 220 mètres d'altitude.

Le Verdouble, qui sort des Corbières à 600 mètres d'altitude environ, coule de l'ouest à l'est dans le département de l'Aude, puis s'infléchit vers le sud-ouest en entrant dans les Pyrénées-Orientales et se jette dans l'Agly à Estagel, à l'altitude de 70 mètres.

Le crétacé supérieur, le lias et les schistes dévoniens se rencontrent dans le bassin supérieur de l'Agly.

La vallée de la Boulzanne comprend, du sud au nord, du granite, des couches aptiennes, des micaschistes, puis de nouveau du granite et des terrains aptiens.

Dans le bassin du Verdouble on trouve des couches sénoniennes, aptiennes, liasiques et des schistes.

Le climat est rude dans le bassin supérieur de la Boulzanne, assez doux partout ailleurs. Les étés sont très chauds. Les pluies,

47. Périmètre de l'Aude moyenne (Aude). Série de Belfort.
Le torrent de la Ratche.

assez rares en été, sont très violentes et causent des crues subites dans les cours d'eau.

L'exploitation et le transport des bois dans la vallée supérieure de la Boulzanne qui renferme de belles sapinières et l'élevage des moutons constituent les ressources des habitants; la culture de la vigne est suffisamment rémunératrice dans la vallée du Verdouble.

Le sol est souvent friable et fournit des débris rocheux qui sont entraînés dans les cours d'eau.

Le bassin de l'Agly supérieure est situé dans les arrondissements de Limoux et de Carcassonne.

**Composition et contenance du périmètre.** — La contenance du périmètre projeté de l'Agly supérieure est de 7,495h 72a 22c, dont 449h 01a 47c sont la propriété de l'État.

Il comprend dix-sept séries, savoir :

| | |
|---|---|
| Montfort | 237h 94a 21c |
| Ginela | 117 12 23 |
| Salvezines | 320 57 26 |
| Puilaurens | 459 35 07 |
| Cubières | 225 15 00 |
| Duilhac | 200 13 00 |
| Cucugnan | 256 51 00 |
| Padern | 863 61 00 |
| Paziols | 43 76 00 |
| Soulatge | 565 09 00 |
| Rouffiac-des-Corbières | 468 45 00 |
| Massac | 78 74 00 |
| Dernacueillette | 322 56 00 |
| Maisons | 184 17 45 |
| Montgaillard | 776 64 00 |
| Palairac | 224 32 00 |
| Tuchan | 2,151 60 00 |
| TOTAL | 7,495 72 22 |

**Travaux.** — Des travaux de reboisement seront seuls nécessaires pour arriver à la restauration du sol.

Dans les bassins de l'Agly et du Verdouble et dans la partie basse du bassin de la Boulzanne, on ne devra employer que des essences feuillues, chêne ou châtaignier selon la nature du sol, à cause du danger des incendies.

Dans la partie supérieure du bassin de la Boulzanne, les pins, le sapin, le hêtre et le châtaignier pourront être utilisés. (Planche 48.)

## PÉRIMÈTRE DE L'AUDE INFÉRIEURE.

**Description du bassin. Altitudes.** — Le bassin de l'Aude inférieure s'étend de Quillan à Barbaira, entre 300 et 80 mètres d'altitude.

La rivière coule du sud au nord jusqu'à Carcassonne où son cours s'infléchit vers l'est.

Les principaux affluents sont la Sals, le Lauquet et la Bretonne sur la rive droite, la rivière de Roquetaillade et le ruisseau de Cougnin sur la rive gauche.

Les terrains dégradés sont situés sur des versants dont la direction générale est celle de l'est à l'ouest.

Les pentes sont souvent très raides, 80 p. 100, surtout dans la vallée du Lauquet.

Les principales altitudes sont celles du pic de Cardon (896 m.) et du pic de Monthaut (816 m.) dans le bassin de la Sals, du pic de Montfuseau (630 m.) et du pic de Pechorre (616 m.) dans le bassin du Lauquet.

**Conditions géologiques.** — En allant du sud au nord en rencontre dans le bassin de la Sals des terrains appartenant au dévonien, au carboniférien inférieur, au crétacé supérieur; dans les autres bassins, toutes les formations appartiennent à l'éocène.

**Climat.** — Les variations de température sont très brusques dans le bassin de l'Aude inférieure.

48. Périmètre de l'Agly supérieure (Aude). Série de Salvezines.
Vallée de la Boulzanne.

Les nombre des jours de pluie est de 114 en moyenne et la quantité d'eau tombée, de 960 millimètres.

Le sol, soumis à l'action du soleil brûlant de l'été, du vent desséchant qui souffle de l'ouest, et aux alternatives de gelée et de dégel de la saison d'hiver, est particulièrement sujet aux érosions lors des pluies d'orages.

**Productions.** — Les productions sont très variées dans la région dont il s'agit. On y cultive les céréales, la vigne, l'olivier, les arbres fruitiers, etc.

**Situation administrative. Population.** — Le bassin de l'Aude inférieure est situé dans les arrondissements de Limoux et de Carcassonne.

La population des 34 communes dont le territoire renferme des terrains à restaurer est de 9,000 habitants environ.

**État de dégradation du sol.** — Les terrains dévoniens sont en général assez résistants, mais les schistes du permo-carbonifère se désagrègent très rapidement.

Les premiers étages du crétacé renferment des calcaires, des marnes et des grès; le sol qui provient de ces dernières couches est très sujet à se raviner.

Les grès de Mastricht ne sont pas très résistants, mais surtout les argiles rutilantes du garumnien sont particulièrement dégradées.

En dehors du bassin de la Sals, la composition du sol est assez uniforme; les molasses variées et les nombreux bancs de poudingues du lutétien se rencontrent partout.

Dans toutes ces formations, les pentes sont souvent très raides, aussi bien au nord qu'au midi et les terrains se ravinent facilement sous l'influence du ruissellement des eaux pluviales : les érosions, d'abord peu importantes, s'accentuent de plus en plus et se propagent de bas en haut jusque dans les parties supérieures, même lorsque celles-ci sont boisées.

**Composition et contenance du périmètre.** — La contenance du périmètre de l'Aude inférieure est de 7,168h 80a 84c, dont 3,526h 17a 93c sont actuellement la propriété de l'État.

Il comprend les trente-quatre séries suivantes, dont six proviennent d'anciens périmètres revisés.

| | | | |
|---|---|---|---|
| Albières | 340h | 77a | 41c |
| Fourtou | 66 | 11 | 40 |
| Arques | 642 | 51 | 58 |
| Serres | 143 | 16 | 83 |
| Rennes-les-Bains | 635 | 94 | 10 |
| Peyrolles | 245 | 86 | 52 |
| Bouisse | 46 | 03 | 50 |
| Saint-Louis | 44 | 07 | 25 |
| Bugarach | 229 | 58 | 18 |
| Saint-Just | 50 | 91 | 00 |
| Saint-Julia | 53 | 17 | 60 |
| Sougraigne | 69 | 35 | 40 |
| Cassaigne | 73 | 76 | 37 |
| Rennes-le-Château | 99 | 79 | 98 |
| Luc-sur-Aude | 28 | 67 | 30 |
| Terroles | 68 | 71 | 70 |
| Veraza | 287 | 36 | 39 |
| Alet | 139 | 38 | 74 |
| Vendémies | 169 | 55 | 78 |
| Festes-et-Saint-André | 203 | 12 | 43 |
| Roquetaillade | 435 | 48 | 15 |
| Magrie | 161 | 51 | 34 |
| Toureilles | 31 | 96 | 66 |
| La Digne-d'Amont | 51 | 90 | 06 |
| Clermont | 129 | 13 | 86 |
| Villefloure | 196 | 66 | 03 |
| Molières | 335 | 56 | 25 |
| Greffeil | 550 | 25 | 28 |

| | |
|---|---|
| Villebazy | 454 07 87 |
| Ladern | 205 62 89 |
| Saint-Hilaire | 215 82 18 |
| Montirat | 149 60 81 |
| Pradelles-en-Val | 205 65 60 |
| Monze | 407 64 40 |
| Total | 7,168 80 84 |

**Travaux.** — On a en vue de rendre moins dangereuses les crues de l'Aude qui sont souvent subites et très fortes et qui causent de graves dégâts dans les riches plaines que traverse cette rivière.

Les travaux de correction ont été limités à la construction de petits ouvrages en pierre sèche et de clayonnages destinés à procurer au sol la stabilité nécessaire pour permettre à la végétation forestière de s'y implanter et de le fixer définitivement.

Les travaux forestiers ont eu, par suite, la prépondérance et il en sera de même dans l'avenir.

On a introduit le sapin et le cèdre par semis directs, à la volée ou en potets; on a semé également le chêne rouvre. Pour les autres essences, on a eu recours à la plantation.

Le pin laricio d'Autriche a été employé sur la moitié environ des terrains à reboiser. C'est une essence précieuse pour la restauration des sols calcaires de médiocre altitude, mais il est utile de couper les massifs résineux par des reboisements en essences feuillues afin de diminuer le danger d'incendie.

Le pin laricio des Cévennes, qui a jusqu'à présent résisté aux attaques des chenilles, constitue des peuplements vigoureux.

Le châtaignier a été semé et planté en sol non calcaire.

Le chêne rouvre, qui convient parfaitement à la région, a été semé le plus souvent; on l'a cependant planté quelquefois; le chêne pédonculé ne se rencontre qu'exceptionnellement dans des sols très frais.

Quelques peuplements clairiérés préexistants de hêtres ont été complétés au moyen de semis de sapin.

Les lignes de périmètre sont nettoyées chaque année sur une largeur de 4 mètres en prévision des incendies; les chemins et sentiers sont entretenus avec soin.

La contenance totale reboisée est actuellement de 3,269 hectares. (Planches 49 à 53.)

## PÉRIMÈTRE DE L'ORBIEU.

**Description du bassin. Altitudes.** — L'Orbieu est l'affluent le plus important et le plus dangereux de l'Aude.

Il prend naissance à Fourtou, à 800 mètres d'altitude environ et se jette dans l'Aude à l'amont de Marcorignan.

Son bassin, orienté suivant la direction du sud-ouest au nord-est, se développe dans la région des hautes et des basses Corbières.

La zone située au-dessous d'une ligne brisée, passant par Villar-en-Val, Lagrasse et Talairan, comprend la partie supérieure du bassin principal et la plupart des bassins secondaires. Elle est extrêmement tourmentée, formée d'un amoncellement irrégulier de chaînons, de dômes et de cônes, et de plateaux fractionnés par des vallées et des gorges étroites, à revers abrupts, présentant de très fortes différences de niveau sur de faibles distances horizontales.

L'altitude varie de 400 à 1,021 mètres.

L'autre zone, celle de la vallée de l'Orbieu, renferme des montagnes et des collines à relief moins accentué. L'altitude moyenne est de 300 mètres; seule la cime d'Alaric se dresse à 600 mètres, marquant, vers le nord, le point de séparation de la fertile plaine de l'Aude et du massif rocheux des Corbières.

La plus forte altitude (1,021 m.) est celle de la montagne de Bouchaud, sur la commune de Fourtou, et la plus faible (15 m.) celle du confluent de l'Orbieu et de l'Aude.

49. Périmètre de l'Aude inférieure (Aude). Série d'Arques. — Cèdres et pins noirs.

50. Périmètre de l'Aude inférieure (Aude). Série de Rennes-les-Bains.
Le pic de Mont haut en 1886.

Phototypie Berthaud, Paris

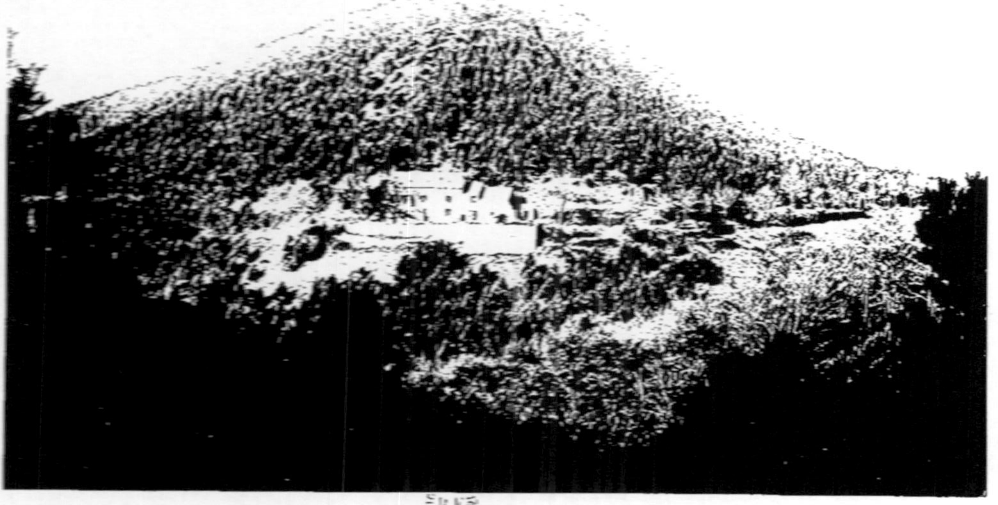

51. Périmètre de l'Aude inférieure (Aude). Série de Rennes-les-Bains.
Même vue que la précédente, après reboisement en pin noir.

52. Périmètre de l'Aude inférieure (Aude). Série d'Albières. Cantons reboisés de l'Estagnol et de la Barthe ; pins noirs.

53. Périmètre de l'Aude inférieure (Aude). Série d'Albières.
Canton reboisé des Miquettes ; feuillus et résineux.

**Conditions géologiques.** — Le bassin de l'Orbieu, qui ne renferme pas de roches cristallines, occupe la partie centrale du massif des Corbières, remarquable par l'irrégularité de ses dépôts sédimentaires et la multiplicité de ses dislocations. Il n'y a pas d'axe ni de centre montagneux à partir duquel les formations géologiques se présentent suivant leur ancienneté relative. On peut cependant y reconnaître trois régions séparées sensiblement, suivant une ligne orientée de l'est à l'ouest, passant par Lairière, Villerouge et Albas, et une autre ligne dirigée du sud au nord et passant par Albas.

Au sud de la première ligne se trouve le massif ancien, silurien, dévonien et permo-carbonifère, avec de faibles plissements, nombreux et dissymétriques.

Sur la bordure septentrionale de ce massif paléozoïque, les couches de transition sont en contact avec les terrains tertiaires de l'éocène, sauf sur quelques points où les étages intermédiaires du trias et du crétacé sont représentés.

La partie orientale du bassin appartient aux formations crétacées, dominant les plaines d'alluvions anciennes et les dépôts modernes qui s'étendent jusqu'au confluent de l'Aude.

Les différences de constitution géologique donnent lieu à des différences correspondantes dans l'importance des phénomènes d'érosion.

Sur les terrains stratifiés du bassin supérieur de l'Orbieu, les schistes anciens sont de facile fragmentation et ont une certaine tendance à s'effeuiller. Mais ils sont très compacts et le sous-sol qu'ils constituent oppose une grande résistance à l'affouillement; aussi, la plupart des couloirs existants en sol schisteux ne présentent pas un caractère torrentiel, malgré leurs pentes souvent excessives.

Les érosions sont localisées dans quelques assises calcaires et dolomitiques et sur les bancs de conglomérats susceptibles de se désagréger : elles ont un caractère sporadique.


IMPRIMERIE NATIONALE.

Dans la formation éocène, les dispositions du sol à l'ameublissement sont beaucoup plus générales. Les molasses se désagrègent incessamment, les blocs de grès mélangés à des dépôts détritiques, les poudingues et les conglomérats fournissent des débris qui sont entraînés dans une multitude de petits couloirs pas très profonds, mais de section très aiguë et se croisant en tous sens.

Les marnes nummulitiques bleues et grises sont très affouillables et très sujettes à se déliter. Elles se désagrègent en feuillets et en petits fragments assez réguliers, qui se transforment rapidement en boue.

Les formations crétacées de la partie orientale du bassin, malgré quelques dégradations locales et leur état de dénudation, ne présentent pas dans leur ensemble de phénomènes de ravinements susceptibles d'être relevés.

**Climat.** — Le climat des Corbières du bassin de l'Orbieu est le climat marin, modifié par la proximité des hauteurs des Pyrénées.

Il n'y a ni froids excessifs ni chaleurs extrêmes; rarement le thermomètre descend au-dessous de —7 degrés.

La moyenne annuelle des pluies à Mouthoumet, dans le haut bassin, est de 680 millimètres, peu différente de celle de Carcassonne, 673 millimètres; cette hauteur, qui diminue à mesure qu'on se rapproche du littoral, n'est plus que de 658 millimètres à Palairac, de 509 millimètres à Narbonne et de 494 millimètres à la Nouvelle.

Les orages sont assez fréquents à la fin du printemps et de l'été. Ils sont surtout dangereux, lorsqu'ils éclatent au moment où souffle le vent du sud-ouest; ils peuvent alors donner lieu à des crues violentes.

**Productions.** — Les cultures agricoles et forestières varient suivant les conditions de climat. Dans le haut bassin, ce sont les prairies naturelles et artificielles et la culture des céréales qui dominent; dans la région moyenne, la vigne commence à apparaître, avec les oliviers, pour prendre le premier rang dans les plaines inférieures du bassin.

Sur les montagnes, le chêne rouvre et le hêtre dominent suivant l'altitude. Le chêne yeuse y est subordonné, mais il augmente d'importance à mesure qu'on descend les vallées et s'adjoint le pin maritime sur les collines du Narbonnais.

**Situation administrative. Contenance. Population.** — Le bassin de l'Orbieu est situé dans les arrondissements de Carcassonne, de Narbonne et de Limoux.

Sa contenance est de 77,810 hectares.

La population de la région montagneuse, qu'on peut évaluer à 4,700 habitants, est en voie de diminution. Celle des régions moyennes et de plaine, qui est d'environ 23,000 habitants, tend au contraire à s'accroître.

**État de dégradation du sol.** — L'aptitude du sol à se dégrader, telle qu'elle résulte des conditions géologiques de la région, ne peut produire d'effets dangereux que si le terrain est dépourvu de son revêtement herbacé ou arborescent.

Or il est facile de constater que la végétation des montagnes du bassin de l'Orbieu présente un aspect extrêmement morcelé, qui peut se résumer ainsi qu'il suit :

Dans le haut bassin, débris de massifs forestiers très épars, prédominance des buissons et des bas taillis de chêne vert, de plus en plus clairiérés vers l'aval; dans le bassin inférieur, prédominance des landes rocailleuses avec broussailles et gazons secs, disséminés par taches.

Sur la superficie totale du bassin (77,810 hectares), les forêts, à l'état de massif complet, mais séparées les unes des autres, occupent environ 5,000 hectares, et l'on peut évaluer à

36,000 hectares la superficie des buissons avec clairières, des landes et des terres vagues.

Sur l'ensemble de ces terrains improductifs, le défaut d'une végétation suffisante laisse à la merci de toutes les causes de dégradation un sol très apte à les subir, par suite de son origine.

Il résulte de cette situation que les pluies d'orage entraînent d'énormes masses de débris dans les cours d'eau des Corbières, à sec pendant les trois quarts de l'année.

De sa source, située à 800 mètres d'altitude, l'Orbieu descend pendant 30 kilomètres avec une pente générale de 2 centimètres par mètre, plus que suffisante pour donner aux eaux une très grande vitesse en temps de crue.

Plus bas, dans la plaine, la pente se réduit à 2 millimètres par mètre : c'est la zone inondable, qui a souffert fréquemment des crues de l'Orbieu.

La région de plaine exposée aux inondations comprend environ 28,000 hectares, dont 26,500 dans le département de l'Aude et 1,500 dans le département de l'Hérault, elle est occupée presque exclusivement par la vigne.

En contact avec ces terres fertiles et couvertes de cultures à grand rendement, se trouve une étendue de 36,000 hectares de terrains en montagne, à rendement presque nul, constituant pour la plaine une menace permanente.

**Composition et contenance du périmètre.** — La contenance du périmètre de l'Orbieu, constitué par une loi du 7 août 1910, est de $4,435^{h}\,02^{a}\,19^{c}$, dont $2,863^{h}\,47^{a}\,94^{c}$ sont actuellement la propriété de l'État.

Il comprend les quinze séries suivantes :

| | |
|---|---|
| Auriac | $1,069^{h}\ 36^{a}\ 09^{c}$ |
| Lairière | 326 01 48 |
| Termes | 820 40 90 |
| Vignevieille | 244 12 52 |

54. Périmètre de l'Orbieu (Aude). Série de Mayronnes — Peuplement de chêne yeuse.

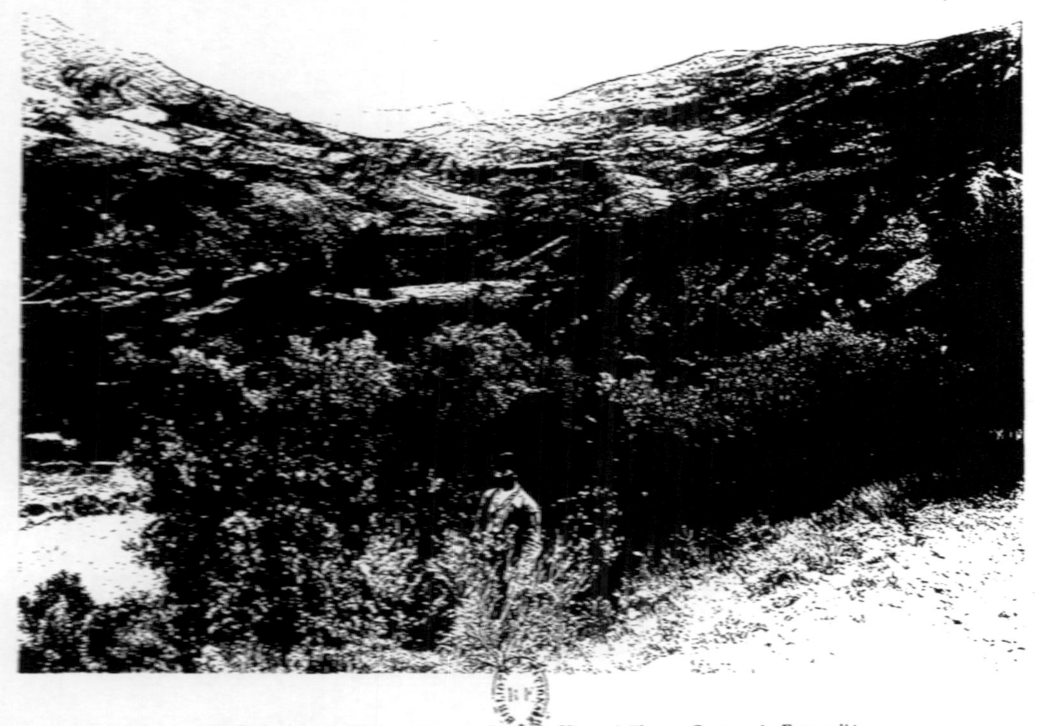

55. Périmètre de l'Orbieu (Aude). Série de Vignevieille. — Canton de Fontoulié.

56. Périmètre de l'Orbieu (Aude). Série de Lagrasse. — Berges de l'Alsou.

57. Périmètre de l'Orbieu (Aude). Série de Lagrasse. — Berges de l'Alsou.

| | | | |
|---|---|---|---|
| Félines | 126 | 30 | 79 |
| Villerouge | 462 | 13 | 10 |
| Saint-Martin-des-Puits | 55 | 02 | 40 |
| Saint-Pierre-des-Champs | 44 | 83 | 60 |
| Villar-en-Val | 200 | 72 | 94 |
| Maironnes | 91 | 43 | 91 |
| Labastide-en-Val | 238 | 66 | 20 |
| Montlaur | 79 | 34 | 10 |
| Lagrasse | 443 | 39 | 79 |
| Albas | 151 | 52 | 27 |
| Jonquières | 81 | 72 | 10 |
| TOTAL | 4,435 | 02 | 19 |

**Travaux.** — On s'est proposé, par la constitution du périmètre de l'Orbieu, de rétablir dans la partie montagneuse du bassin de cette rivière un état normal du sol au moyen d'améliorations progressives : les terres seront retenues sur les pentes par le développement et la reconstitution de la zone forestière, aujourd'hui réduite à de trop minimes proportions.

Les travaux de reboisement déjà entrepris ont été précédés de l'établissement de sentiers, absolument indispensables.

Les essences qui ont été employées sont le hêtre exceptionnellement, le châtaignier sur les sols non calcaires, le chêne rouvre, le chêne yeuse, le pin d'Alep, le cèdre et le sapin pinsapo.

Le pin d'Alep et le chêne vert ont été utilisés en mélange par voie de semis.

Le chêne rouvre a été le plus souvent planté, afin d'éviter les dégâts causés par les sangliers. Les autres essences ont été plantées.

La contenance totale reboisée est de 1,299 hectares. (Planches 54 à 57.)

## PÉRIMÈTRE DE LA BERRE.

**Description générale du bassin.** — La Berre, qui descend des Corbières, se jette, à 4 kilomètres au nord de Sigean, dans l'étang de l'Aute, lequel n'est qu'un golfe de l'étang de Bages et de Sigean. Le relief de son bassin est très tourmenté. La plus forte altitude (708 m.) est celle du pic Périllou. Les principaux terrains que l'on rencontre sont des couches primaires, puis des assises du trias, du jurassique inférieur et du crétacé inférieur.

Les schistes terreux de l'ordovicien et du gothlandien et les schistes, rouges ou verts, du houiller supérieur se désagrègent en feuillets, les marnes et les calcaires marneux du charmouthien et du toarcien sont facilement entamés par les eaux, les dolomies du bajocien se brisent souvent, et enfin l'aptien renferme des marnes et des calcaires marneux sujets aux érosions.

Le climat est doux, le vent souffle souvent avec une très grande violence et des orages assez fréquents sont un danger pour Durban et Portel, traversés par la Berre.

**Composition et contenance du périmètre.** — La contenance du périmètre projeté de la Berre est de 2,848h 06a.

Il comprend dix séries :

| | |
|---|---|
| Albas | 200h 00a |
| Quintillan | 247 13 |
| Cascatel | 190 93 |
| Embres | 390 00 |
| Saint-Jean-de-Barrou | 200 00 |
| Fraissé | 180 00 |
| Durban | 390 00 |
| Villesèque | 530 00 |
| Fontjoucouse | 360 00 |
| Portel | 160 00 |
| TOTAL | 2,848 06 |

**Travaux.** — La restauration des terrains ne comprendra que l'exécution de travaux de reboisement.

Pour éviter le danger des incendies, on emploiera de préférence des essences feuillues, châtaignier ou chênes selon les circonstances, et dans les parties basses et chaudes un mélange de pin d'Alep et de chêne vert.

# DÉPARTEMENT DE LA HAUTE-GARONNE.

## PÉRIMÈTRE DE LA GARONNE.

**Description du bassin. Altitudes.** — La Garonne prend sa source en Espagne dans les glaciers de la Maladetta. Avec une direction générale sud-nord qui s'incline un peu vers l'ouest depuis son entrée en France, elle arrive dans la large vallée de Marignac où, au sortir des gorges profondes de la montagne, elle reçoit les eaux de son premier affluent important, la Pique. C'est là que s'arrête la zone dégradée de son bassin.

Dans cette région, la Garonne, avec une pente assez régulière de 0.67 p. 100 en moyenne, coule toujours dans une vallée profonde et aux versants rapides. Assez large à Fos et Arlos, cette vallée se rétrécit à Saint-Béat pour former un étroit défilé qui débouche dans la petite plaine de Marignac.

La plus grande altitude (2,630 m.) est celle du pic de Crabère et la plus faible (485 m.) celle de la jonction de la Garonne et de la Pique.

**Conditions géologiques.** — La roche constitutive appartient aux terrains primaires. Les étages cambrien, silurien et dévonien y sont représentés par des schistes et des calcaires. Tantôt la roche affleure revêtue ou non d'une couche de terre végétale, tantôt elle est recouverte de dépôts provenant les uns de sa décomposition, les autres des apports des anciens glaciers.

**Climat.** — Le climat est celui de la zone girondine modifié par l'action de la montagne. Tempéré dans les parties inférieures et moyennes, il devint rude dans les hautes régions. Les pluies fréquentes et généralement bien réparties deviennent parfois excessives, soit par leur durée, soit par leur violence; c'est alors que se produisent les crues torrentielles avec les dégâts qui en sont la conséquence.

**Productions.** — Ce climat humide et tempéré est très favorable à la végétation.

Les bois, dont la proportion est de 40 p. 100 environ, occupent généralement la zone moyenne des versants mais sont bien plus étendus aux expositions nord et est qu'à celles du midi et de l'ouest. Les peuplements sont constitués par le hêtre et le sapin tantôt purs tantôt en mélange, exceptionnellement par le chêne rouvre sur les versants méridionaux.

Au-dessus des bois s'étend généralement une zone de hautes pelouses; au-dessous sont les pâturages d'hiver et les cultures.

Parmi celles-ci, la prairie occupe une place prédominante. Dans les terres arables se cultivent les céréales, la pomme de terre, le maïs et la vigne conduite en hautains sur des érables champêtres.

**Situation administrative. Contenance. Population.** — Le périmètre de la Garonne est situé dans l'arrondissement de Saint-Gaudens.

Sa contenance est de 10,330 hectares et sa population est de 4,670 habitants.

**État de dégradation du sol.** — Les principales causes des dégradations dans la vallée de la Garonne sont les suivantes : la pente excessive des versants qui communique aux eaux de ruissellement une très grande vitesse et favorise la formation des avalanches; la nature très affouillable de certains dépôts recouvrant la roche constitutive; les longues pluies et les violents orages que comporte le climat, et enfin le déboisement de certains versants.

Les matériaux déversés par les torrents dans la Garonne provoquent l'exhaussement du lit de ce fleuve. Cet exhaussement, même temporaire, est l'une des principales causes des inondations dangereuses.

**Composition et contenance du périmètre.** — La contenance du périmètre de la Garonne, constitué par une loi du 1er août 1901, est de 280h 31a, dont 27h 61a sont la propriété de l'État.

Il comprend deux séries :

| | |
|---|---|
| Melles | 30h 75a |
| Arlos | 250 16 |
| Total | 280 31 |

**Travaux.** — Les travaux de restauration ne sont commencés que dans la série de Melles, qui appartient à l'État pour la plus grande partie.

Le torrent de Saoudech a été corrigé par la construction de cinq ouvrages en pierre sèche, les clôtures nécessaires ont été établies et des plantations de mélèze, de pin sylvestre et de bouleau ont été effectuées avec succès.

La contenance reboisée est de 26 hectares.

## PÉRIMÈTRE DE LA PIQUE.

**Description du bassin. Altitudes.** — La Pique, qui coule sensiblement du sud au nord, est un affluent torrentiel de la Garonne qu'elle rejoint un peu en aval de Marignac.

Son cours peut se diviser en trois parties.

Le bassin correspondant à la partie supérieure est limité au sud par la crête séparative de la France et de l'Espagne, située entre les altitudes de 2,323 et 3,114 mètres. Les versants qui en descendent sont abrupts et les ruisseaux s'y précipitent avec violence, formant de nombreuses cascades coupées parfois par de petits lacs, pour arriver à l'altitude de 1,000 à 1,100 mètres, après avoir parcouru 3 à 5 kilomètres de distance horizontale.

A partir de cette altitude s'ouvrent de véritables vallées, profondément encaissées entre des versants à pentes très fortes. Les eaux y accomplissent un parcours de 8 à 12 kilomètres pour descendre à l'altitude de 630 mètres, à Bagnères-de-Luchon.

C'est à côté de cette station thermale que se fait la concentration des eaux de toute la région supérieure par la jonction de la Pique avec l'Onne son principal affluent, plus important qu'elle-même.

A partir de Luchon, tout en continuant à être bordée par des versants élevés et rapides, la vallée s'élargit, sur l'emplacement d'un ancien lac. Sur 9,300 mètres de longueur, la différence de niveau n'est que de 46 m. 40, correspondant à une pente moyenne de 0.5 p. 100.

La Pique, qui divaguait souvent sur cette petite plaine de 400 mètres de largeur, a été endiguée et son lit se trouve en majeure partie à la hauteur et parfois au-dessus du niveau de la vallée.

En aval de Cier-de-Luchon, la rivière s'encaisse de nouveau entre des versants élevés. Elle prend une pente plus forte jusqu'à Mérignac, où, avant de se jeter dans la Garonne, elle se trouve encore sur près de 2 kilomètres au niveau des cultures et des habitations.

Quelques affluents de rive droite de la Pique coulent dans de petites vallées; ce sont les ruisseaux de Burbe, de Médan, de Canjouan, de Gourgue, de Pont-de-Cazaux et de Marignac.

Sur la rive gauche, les torrents sont plus courts et à pente plus forte, mais on y trouve deux cours d'eau plus importants, le ruisseau du Lys et l'Onne.

La plus grande altitude (3,220 m.) est celle du pic Perdighero et la plus faible (485 m.) celle du confluent de la Garonne et de la Pique.

**Conditions géologiques.** — A part quelques taches de

granite, la vallée de la Pique ne comprend que des terrains primaires : le cambrien, le silurien et le dévonien s'y rencontrent plus ou moins enchevêtrés. Ils sont représentés quelquefois par des calcaires, mais le plus souvent par des schistes siliceux ou argileux, tantôt durs et presque indécomposables, tantôt friables et constituant par leur désagrégation une épaisse couche de terre.

Les phénomènes de la période glaciaire ont atteint dans cette région une importance considérable. L'érosion produite par le mouvement de ces immenses accumulations de glaces a eu pour effet de rendre les pentes plus raides en tronquant la base des versants, souvent sur de grandes hauteurs. En même temps se sont formés de nombreux dépôts éminemment affouillables, disséminés de tous côtés dans la région.

**Climat.** — Le climat de la vallée de la Pique est le climat girondin, doux en hiver, chaud en été, assez humide, auquel des modifications locales sont apportées par l'altitude et par l'exposition.

La lame d'eau annuelle dépasse en moyenne 1 mètre de hauteur.

Les pluies présentent parfois une violence ou une durée exceptionnelle qui les rendent particulièrement dangereuses.

**Productions.** — Le climat du bassin de la Pique est favorable à la végétation herbacée.

Le plus souvent la forêt occupe, sur une étendue variable, la zone moyenne des versants. Au-dessus, se trouvent des pâturages d'été, au-dessous, quelques pâturages d'hiver et des cultures.

Le sapin et le hêtre, séparés ou en mélange, constituent à peu près la totalité des peuplements forestiers. En général, les sapinières sont en bon état; les forêts de hêtre sont en voie d'amélioration, après des exploitations exagérées ou des délits multipliés, et le sapin, chassé autrefois par les mêmes abus, tend à revenir sous le couvert des hêtres. Aux expositions chaudes, on trouve quelques petits massifs de chêne rouvre.

Les pâturages portent dans le pays le nom de pelouses; dans quelques parties surchargées de bétail, des vides se produisent dans le gazon et le sol se ravine. C'est surtout dans les pâturages inférieurs, ou exposés au midi, que l'on observe ces dégradations.

Parmi les cultures, la prairie occupe une place importante, les céréales, la pomme de terre et le maïs se partagent les terres arables, la vigne est cultivée avec quelque succès à Marignac.

**Situation administrative. Contenance. Population.** — Le bassin de la Pique est situé dans l'arrondissement de Saint-Gaudens. Sa contenance est de 37,246 hectares et sa population de 10,200 habitants environ.

**État de dégradation du sol.** — Plusieurs causes favorisent, dans le bassin de la Pique, la dégradation du sol et le développement des phénomènes torrentiels.

La pente, souvent excessive des versants, communique aux eaux de ruissellement une puissance d'érosion considérable et provoque la formation des avalanches.

La constitution rocheuse de la montagne lui assure, dans l'ensemble de sa masse, une stabilité parfaite, mais des terres très affouillables provenant de la décomposition de la roche en place ou des dépôts de diverses origines recouvrent presque partout cette charpente solide. Ces derniers terrains ont souvent si peu de consistance que le moindre courant peut suffire à les creuser.

Le climat comporte de violents orages et des pluies diluviennes, phénomènes rares il est vrai, mais dont la nocuité est accrue par ce fait même.

Les ravins peuvent, en effet, pendant les longues périodes de régime tranquille, se garnir d'un amas souvent très épais de matériaux de toute nature qui forment des laves lors des crues et constituent souvent des barrages momentanés pouvant provoquer des désastres.

De plus, les riverains, trompés par le calme habituel du torrent, le considèrent comme un ruisseau inoffensif et exposent leurs cultures et leurs habitations aux plus graves dégâts.

Il convient de signaler spécialement les effets produits dans la région par les pluies de longue durée qui saturent complètement les terres et causent l'effondrement ou le glissement des terres. On appelle «laou» dans le pays la lave formée par un phénomène de cette nature et aussi par extension la trace qu'elle laisse sur le terrain : d'où le nom de Laou d'Esbas donné à un torrent qui, en avril 1865, a été constitué de toutes pièces par un immense affaissement de terres que des pluies prolongées et abondantes avaient transformées en boue : plus de 600,000 mètres cubes de matériaux sont descendus d'un seul bloc dans la vallée.

Aux causes naturelles qui viennent d'être indiquées, s'ajoutent les effets d'un boisement insuffisant dans le bassin de formation des torrents.

La dégradation du sol et les phénomènes torrentiels qui en sont la conséquence entraînent sur bien des points une véritable insécurité pour les cultures, les routes, la voie ferrée et les habitants. Cette situation est encore aggravée par le fait de l'exhaussement de la rivière entre ses digues depuis Luchon jusqu'à Cier. Il en résulte des infiltrations permanentes qui rendent marécageuse et presque improductive la belle vallée de Luchon.

De plus, à diverses reprises, des crues moyennes de la Pique ont suffi pour lui faire franchir ses digues et inonder la plus grande partie de la vallée.

**Composition et contenance du périmètre.** — La contenance du périmètre de la Pique, constitué par les lois du 27 juillet 1895 et du 18 juillet 1906, est de 2,432$^{h}$ 04$^{a}$ 76$^{c}$, dont 1,396$^{h}$ 52$^{a}$ 30$^{c}$ appartiennent à l'État.

Il comprend les vingt séries suivantes :

| | |
|---|---|
| Bagnères-de-Luchon | 831h 34a 00c |
| Montauban | 31 07 40 |
| Portet-Luchon | 43 74 00 |
| Jurvielle | 73 00 00 |
| Poubeau | 103 93 00 |
| Cathervielle | 71 68 00 |
| Garin | 79 70 00 |
| Billère | 9 39 00 |
| Gouaux-Larboust | 72 69 00 |
| Oô | 371 49 00 |
| Saint-Aventin | 49 80 00 |
| Artigue | 78 42 00 |
| Juzet-Luchon | 89 09 27 |
| Cier-Luchon | 36 56 21 |
| Gouaux-Luchon | 15 68 00 |
| Cazaux-Layrisse | 17 32 50 |
| Lège | 27 80 50 |
| Burgalays | 4 61 53 |
| Marignac | 276 42 75 |
| Gaud | 147 28 20 |
| Total | 2,432 04 76 |

**Travaux.** — Le reboisement, en rétablissant la forêt sur des versants d'où elle n'aurait jamais dû disparaître, supprime en grande partie les causes de la dégradation du sol.

Mais, dans le bassin de la Pique, la forêt ne suffit pas toujours pour empêcher la formation et le développement des torrents et des ravins. Des travaux de correction sont nécessaires, non seulement pour consolider les terrains à reboiser, mais souvent aussi pour modifier des conditions naturelles trop défavorables.

Dans les lits, des barrages et d'autres ouvrages analogues suppriment les effets de la pente et de la nature affouillable du sol ainsi que l'instabilité résultant des érosions antérieures.

De plus, ces ouvrages diminuent le danger des laves en les obligeant à s'étaler sur leurs atterrissements.

Des façonnages de lits doivent, en outre, être effectués en vue de faire disparaître les bois gisants et de disposer les blocs de manière à protéger les berges.

Sur les berges instables, des canaux de drainage recueillent les eaux et des murs de tête arrêtent le développement des combes.

Enfin des banquettes sont installées dans la zone de départ des avalanches.

Les seuls reboisements importants sont ceux de la série de Luchon comprenant le bassin et les berges du Laou d'Esbas.

Ce torrent est creusé dans un versant à forte pente, dont l'exposition générale est à l'est.

Le bassin supérieur qui constitue la zone des reboisements les plus utiles est situé entre les altitudes de 1,550 et 2,064 mètres.

Cette haute région est limitée à la partie inférieure par une barre de rochers schisteux. A partir de là l'éboulement a creusé dans la forêt un bassin inférieur continué à l'aval par une gorge. C'est seulement sur les berges, les combes et les éboulis que les reboisements ont trouvé place dans cette zone, comprise entre les altitudes de 1,100 et 1,550 mètres.

La région supérieure a été reboisée au moyen de plantations de pins à crochets et d'épicéa, dans lesquelles on a introduit en mélange le mélèze, le hêtre, le bouleau, le sorbier des oiseleurs et l'alisier blanc.

Il y a lieu de signaler l'emploi qui a été fait dans cette zone des enherbements et des plantations par mottes sur des terrains rendus stables par les clayonnages.

Dans la région inférieure, ces derniers travaux ont été largement exécutés; on y a effectué aussi avec succès des plantations en cordons.

La contenance boisée est de 1,134 hectares. (Planches 58 à 67.)

58. Périmètre de la Pique (Haute-Garonne). Série de Bagnères-de-Luchon. Plantation d'ormes, d'érables et de frênes dans une combe.

59. Périmètre de la Pique (Haute-Garonne). Série de Bagnères-de-Luchon.
Partie moyenne du torrent de Laon d'Esbas.

60. Périmètre de la Pique (Haute-Garonne). Série de Bagnères-de-Luchon.
Torrent de Laon d'Esbos en 1887.

Phototypie Berthaud, Paris

61. Périmètre de la Pique (Haute-Garonne). Série de Bagnères-de-Luchon.
Même vue que la précédente ; état actuel.

62. Périmètre de la Pique (Haute-Garonne). Série de Bagnères-de-Luchon.
Le bassin du torrent de Jean.

63. Périmètre de la Pique (Haute-Garonne). Série de Bagnères-de-Luchon.
Le torrent de Jean.

64. Périmètre de la Pique (Haute-Garonne). Série d'Oô.
Ravin de Bassia.

65. Périmètre de la Pique (Haute-Garonne). Série de Juzet-de-Luchon.
Mélèzes de 40 ans; plantation à l'altitude de 1300 mètres.

66. Périmètre de la Pique (Haute-Garonne). Série de Cier-de-Luchon.
Le torrent de la Lit.

67. Périmètre de la Pique (Haute-Garonne). Série de Burgalais. — Le torrent de Muna.

# DÉPARTEMENT DES HAUTES-PYRÉNÉES.

## PÉRIMÈTRE DU GAVE DE PAU.

**Description du bassin. Altitudes.** — Le gave de Pau est le cours d'eau le plus important des Hautes-Pyrénées; lorsqu'il se jette dans l'Adour à Peyrehorade, après un parcours de 175 kilomètres, il en quadruple le volume.

Depuis sa source, située au-dessus des escarpements du cirque de Gavarnie, jusqu'à Lourdes, il coule du nord au sud, puis il s'infléchit vers l'ouest pour aller arroser les plaines du Béarn.

Comme principaux affluents il reçoit, sur la rive droite, le gave de Héas à Gèdre; le ruisseau de Barado entre Gèdre et Luz, la Lyse et le Bastan à Luz et le ruisseau d'Isaby à Villelongue, et, sur la rive gauche, le gave d'Ossoue à Gavarnie, les ruisseaux d'Aspé et de Cestrède entre Gavarnie et Luz, le gave de Cauterets à Pierrefite et celui d'Azun à Argelès.

Au sud du bassin du gave de Pau se dresse la chaîne des Pyrénées qui forme la frontière d'Espagne. Ses points remarquables sont : le pic de la Munia (3,150 m.) qui domine le cirque de Tromouze où commence la vallée de Héas, le pic de Marboré (3,253 m.) et la brèche de Roland (2,804 m.) qui se trouve sur la ceinture du cirque de Gavarnie, le pic de Gabiétou (3,033 m.), le port de Gavarnie (2,282 m.), le Vignemale (3,368 m.) qui est le plus haut sommet des Pyrénées françaises, le port de Marcadan (2,673 m.), le pic de Balaïtous (3,146 m.) et le pic de Cuje de Palas (2,976 m.).

**Conditions géologiques.** — Le haut bassin du gave de Pau ne comprend que des terrains massifs et des terrains primaires, à l'exception cependant du cirque de Gavarnie formé de calcaires blancs du campanien et des montagnes de la crête frontière, entre le pic Blanc et le Gabiétou, qui sont constituées par des grès, des marnes et des calcaires marneux du maëstrichtien.

Le granite amphibolique occupe surtout le bassin supérieur du gave de Cauterets; des schistes maclifères, des gneiss et des micaschistes se trouvent dans la vallée supérieure du gave de Pau et sur le pourtour des masses granitiques.

Les schistes de l'ordovicien, du gothlandien et du dévonien inférieur, les calcaires du dévonien moyen et du dévonien supérieur, les calcaires et les schistes du dinantien occupent des surfaces très étendues dans tout le bassin.

Enfin des dépôts glaciaires et des éboulis sur les pentes, mélangés fréquemment aux précédents, recouvrent souvent les divers terrains.

Les éboulis se trouvent au pied des escarpements et sur les versants et dans le fond des vallées.

Les dépôts glaciaires sont disposés, les uns sur les bords des vallées, les autres à une grande hauteur au-dessus des thalwegs.

**Climat.** — Le climat de la vallée du gave de Pau participe du climat général pyrénéen, c'est-à-dire qu'il est tempéré et humide : dans la haute région toutefois il se produit de grands écarts de température.

Les vents du nord-ouest, toujours pluvieux, provoquent la dégradation des versants.

L'orientation reste sans influence sur la formation des avalanches; ce phénomène se produit sur les deux flancs de la vallée de Cauterets qui est dirigée du sud au nord.

Les brouillards et les brumes sont fréquents. Les neiges et les pluies sont très abondantes, mais ces dernières sont surtout dangereuses au printemps, alors que toute la neige de l'hiver n'est pas encore fondue, ou bien en automne après qu'une première couche de neige est déjà tombée.

Les orages à grêle sont assez fréquents, mais leurs effets sont très localisés.

**Productions.** — Le bassin du gave de Pau a dû être autrefois plus boisé qu'il ne l'est aujourd'hui, ainsi que semble l'indiquer le nom de Lavedan donné à cette région.

Les forêts ont été ruinées pour faire place à des pâturages, souvent médiocres.

En dehors des forêts et des pâturages, les cultures sont excessivement restreintes et n'occupent que le fond des vallées et le pied des versants. Elles consistent en prairies pour l'élevage du bétail, en maïs et pommes de terre pour la nourriture des populations agricoles ou pastorales de la région.

**Situation administrative. Contenance. Population.** — Le bassin supérieur du gave de Pau est situé dans l'arrondissement d'Argelès.

Sa contenance est de 99,000 hectares et sa population de 31,000 habitants environ.

**État de dégradation du sol.** — Aux causes de dégradation qui proviennent de la raideur des pentes, de l'abondance des dépôts meubles et du climat, viennent s'ajouter les effets de l'intervention humaine.

Trop souvent les forêts sont délabrées et clairiérées et les gazons sont entamés.

Dans les rares endroits inaccessibles seuls, l'état boisé se maintient parfaitement et les avalanches ne se produisent pas.

L'insouciance apportée dans l'exercice du pâturage se retrouve dans la pratique des irrigations. Aussi, lorsqu'une prairie en pente complètement imbibée d'eau domine la berge d'un ravin ou le talus d'une route, elle provoque des arrachements, ou bien elle glisse en masse.

**Composition et contenance du périmètre.** — La contenance du périmètre du gave de Pau, constitué par une loi du 27 juillet 1895, est de 1,145$^{h}$ 77$^{a}$ 52$^{c}$, dont 370$^{h}$ 98$^{a}$ 12$^{c}$ appartiennent à l'État.

Il comprend les cinq séries suivantes :

| | |
|---|---|
| Gavarnie | 263$^{h}$ 69$^{a}$ 71$^{c}$ |
| Gèdre | 260 88 35 |
| Luz | 68 64 04 |
| Esterre | 6 00 00 |
| Cauterets | 546 55 42 |
| TOTAL | 1,145 77 52 |

**Travaux.** — Les travaux exécutés dans le périmètre du gave de Pau sont ceux de la combe de Péguère et du torrent du Lizey.

La fixation de la combe de Péguère a fait l'objet d'un examen spécial dans la première partie et il est inutile d'y revenir.

Le Lizey, qui était un ruisseau d'apparence inoffensive, changea brusquement de caractère en 1895. Du 22 au 27 avril, ses laves encombrant la route nationale sur une longueur de 600 mètres, avec une épaisseur moyenne de 1 m. 50, reportaient le confluent avec le gave à 150 mètres en amont de son emplacement primitif, obstruaient le pont de Faulon et repoussaient le gave à 50 mètres sur sa rive gauche.

Le volume des matériaux déposés a été évalué à 40,000 mètres cubes. Tous ces débris provenaient d'éboulis de pentes recouvrant des dépôts glaciaires.

On a remédié au danger qui menaçait la route et la voie ferrée d'Argelès à Cauterets, en mettant obstacle au creusement ultérieur du thalweg et en asséchant le bassin supérieur du torrent.

Les terrains de Péguère et du Lizey étaient en partie boisés avant d'appartenir à l'État. Les peuplements ont été complétés et les vides garnis au moyen des essences préexistantes, hêtre, pin et

68. Périmètre du Gave de Pau (Hautes-Pyrénées). Série de Cauterets. — Combe de Péguère.

69. Périmètre du Gave de Pau (Hautes-Pyrénées). Série de Cauterets.
Torrent de Lizey.

sapin, auxquelles on a ajouté le mélèze, l'épicéa, le bouleau et l'aune.

La contenance totale boisée est de 297 hectares. (Planche 68 et 69.)

## PÉRIMÈTRE DU BASTAN.

**Description du bassin. Altitudes.** — Le bassin du Bastan comprend en entier la vallée de ce cours d'eau, affluent du gave de Pau.

Le Bastan est formé de la réunion de plusieurs petits cours d'eau dont la plupart viennent du col de Tourmalet et dont le plus important est le torrent d'Oncet. Celui-ci sort du lac du même nom, situé à 2,236 mètres d'altitude sur le versant méridional du pic du Midi de Bigorre.

Le Bastan coule de l'est à l'ouest et se jette à Luz dans le gave de Pau. Il ne reçoit pas sur sa rive droite de cours d'eau qui mérite d'être signalé; ses principaux affluents sur la rive gauche sont les ruisseaux d'Escoubous, de Glaire et de Bolou.

Les principaux sommets de la ceinture de montagnes qui limite le bassin sont : au nord, le soum de Néré (2,401 m.), le pic de Léviste (2,464 m.), le pic de Pène-Blanque (2,630 m.); à l'est, le pic du Midi de Bigorre (2,877 m.) et le pic de Madamette (2,539 m.); au sud, le pic d'Aubert (3,092 m.) et le pic d'Ayré (2,418 m.).

A l'ouest la vallée débouche à Luz dans celle du gave de Pau à l'altitude de 685 mètres.

A l'est, entre les pics du Midi et de Madamette, s'ouvre le col du Tourmalet (2,122 m.).

La station thermale de Barèges, située à peu près à mi-chemin entre le col du Tourmalet et Luz, est à l'altitude de 1,232 mètres.

**Conditions géologiques.** — Le granite et le granite amphibolique occupent le sud-est du bassin.

Sur le reste on rencontre les terrains primaires modifiés par le granite, le gothlandien, le dévonien inférieur, moyen et supérieur et le dinantien.

Les versants inférieurs sont couverts d'éboulis et de dépôts glaciaires; on retrouve ces derniers au col de Tourmalet.

A partir d'un point situé à 3 kilomètres à l'amont de Barèges, la vallée est couverte par ces dépôts meubles dont l'épaisseur, qui ne dépasse pas 100 mètres sur la rive droite, atteint 400 mètres sur la rive gauche.

C'est dans cette épaisse couche de dépôts de la rive gauche que sont creusés les torrents de Saint-Laur, du Pontis et du Rieulet.

**Climat.** — Le climat du bassin du Bastan est tempéré et humide. A raison de l'altitude, le froid est assez vif pendant l'hiver; la température varie de − 15° à + 30°.

Les vents dominants, qui soufflent du nord-ouest, sont toujours pluvieux. Aussi, les terrains situés à cette exposition sont particulièrement sujets aux dégradations torrentielles : c'est ce qui se produit sur la rive gauche du Bastan.

Les avalanches au contraire sont beaucoup plus fréquentes sur les versants exposés au sud et, par suite, sur les montagnes de la rive droite du Bastan.

L'action solaire s'y exerce brusquement au printemps : la couche supérieure de neige fond et l'eau qui en provient pénètre dans la masse et la détache des pentes rocheuses.

**Productions.** — Les cultures sont peu étendues et localisées dans le fond des vallées, où le sol est constitué par des boues glaciaires et des éboulis. Ce sont des céréales, des pommes de terre et quelques prairies artificielles.

Les pâturages et les terres vagues occupent la plus grande partie du territoire.

La végétation forestière ne s'étend guère que sur 1,100 hectares, dont près de la moitié en reboisements appartenant à l'État. Le surplus comprend, pour la partie la plus importante, les forêts communales de Viella et de Barèges.

La première est un petit massif de bouleaux de 20 hectares; la seconde, dont la superficie est de 200 hectares, est bien boisée en hêtre et sapin.

**Situation administrative. Contenance. Population.** — Le bassin du Bastan est situé dans l'arrondissement d'Argelès.

Sa contenance est de 9,600 hectares et sa population de 1,500 habitants environ.

**État de dégradation du sol.** — Les causes de la dégradation du sol sont les avalanches, l'affouillement des boues glaciaires et des éboulis par les torrents qui sillonnent les versants, enfin les crues du Bastan et de ses affluents.

Les avalanches sont occasionnées par la raideur des pentes et par l'état de dénudation à peu près complet des terrains supérieurs.

Les plus fortes sont celles de janvier 1886 et de février 1889 qui ont rendu la route impraticable jusqu'au cours de l'été, celle du 31 décembre 1897 qui a recouvert une maison d'une couche de neige de 8 mètres d'épaisseur et enfin l'avalanche violente de 1907 qui a détruit ou endommagé de nombreuses constructions et causé la mort de trois personnes.

**Composition et contenance du périmètre.** — La contenance du périmètre du Bastan, constitué par une loi du 27 juillet 1895, est de 761<sup>h</sup> 98<sup>a</sup> 99<sup>c</sup>, dont 472<sup>h</sup> 46<sup>a</sup> 39<sup>c</sup> appartiennent à l'État.

Il comprend les trois séries suivantes :

| | |
|---|---|
| Betpouey | 366<sup>h</sup> 66<sup>a</sup> 05<sup>c</sup> |
| Sers | 332 21 39 |
| Viella | 63 11 55 |
| TOTAL | 761 98 99 |

**Travaux.** — Par suite de sa constitution géologique, de son orientation et de l'état de dénudation presque complet de ses versants, la vallée de Barèges est, de tout le département, celle où se produisent sur le plus petit espace le plus d'avalanches et de phénomènes torrentiels.

Elle possède des eaux minérales d'une réputation ancienne qui ont motivé la construction d'un établissement thermal militaire.

Par suite de cette circonstance, on s'est préoccupé depuis longtemps d'enrayer les descentes de neige et de matériaux qui constituaient de graves dangers pour la station et pour ses voies d'accès.

Ces travaux ont eu pour but la suppression des avalanches, la correction des torrents et le reboisement de leurs bassins.

Contre les avalanches le système définitivement adopté est celui des banquettes. Son application paraît devoir mettre fin à la descente des avalanches de fond.

Les travaux de correction des torrents du Rieulet dans la série de Betpouey et du Bayet dans la série de Viella sont actuellement terminés.

On a employé des barrages rectilignes en pierre sèche : toutefois, le barrage qui sert de base à tout le système de correction du Rieulet est curviligne. Commencé en 1866 et exhaussé à diverses reprises, il présente une hauteur de chute de 19 m. 60.

Des rigoles pavées, des drainages et des travaux de reboisement ont été exécutés pour compléter l'action des ouvrages de correction.

Pour le reboisement on a employé, dans la série de Betpouey, le pin à crochets et le mélèze dans le haut et l'aune blanc dans le bas, et aux diverses altitudes le bouleau, le sorbier et le hêtre.

Dans la série de Sers on a planté des chênes et des aunes blancs dans le bas, et sur le reste de la surface des pins sylvestres, des bouleaux, des sorbiers, des pins à crochets et des mélèzes.

Enfin on a eu recours dans la série de Viella aux pins à cro-

70. Périmètre du Bastan (Hautes-Pyrénées). Série de Betpoucy.
Torrent du Rieulet en 1894.

Phototypie Berthaud, Paris

71. Périmètre du Bastan (Hautes-Pyrénées). Série de Betpouey.
Même vue que la précédente ; état actuel.

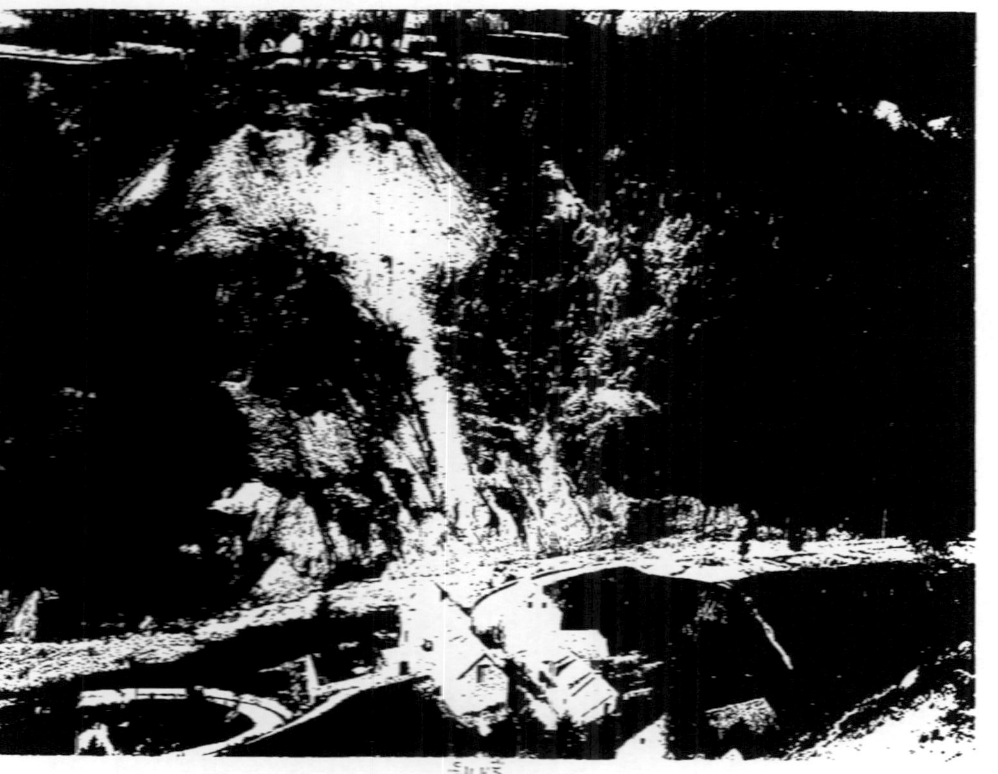

72. Périmètre du Bastan (Hautes-Pyrénées). Série de Sers. — Massif des Artigalas.

73. Périmètre du Bastan (Hautes-Pyrénées). Série de Viella. Partie inférieure du torrent de Bayet en 1891.

74. Périmètre du Bastan (Hautes-Pyrénées). Série de Viella.
Même vue que la précédente ; état actuel.

75. Périmètre du Bastan (Hautes-Pyrénées). Série de Viella.
Partie moyenne du torrent de Bayet en 1893.

76. Périmètre du Bastan (Hautes-Pyrénées). Série de Viella.
Même vue que la précédente : état actuel.

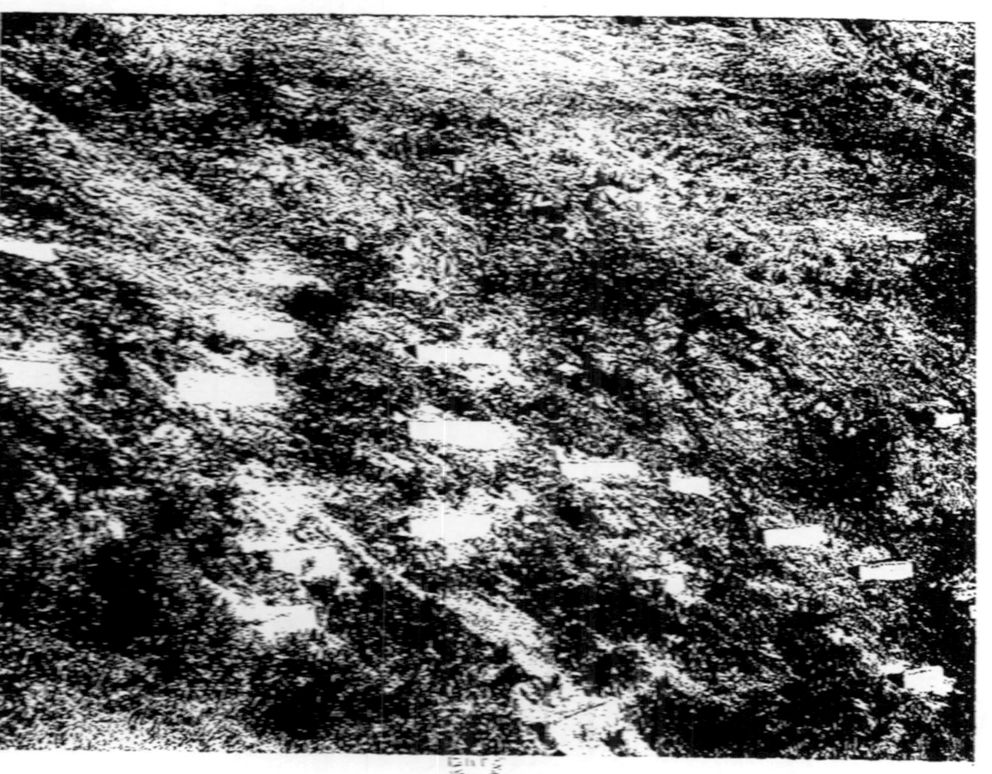

77. Périmètre du Bastan (Hautes-Pyrénées). Série de Sers. — Banquettes contre les avalanches.

chets, pin laricio de Corse, pin noir, pin sylvestre, à l'épicéa, au hêtre et à l'aune blanc. Ces diverses essences se comportent bien.

La contenance reboisée est de 472 hectares. (Planches 70 à 77.)

## PÉRIMÈTRE DE LA NESTE DE LOURON.

**Description du bassin. Altitudes.** — La Neste, affluent de la Garonne, est formée par la réunion à Arreau de la Neste d'Aure et de la Neste de Louron, qui coulent du sud au nord dans deux vallées sensiblement parallèles : c'est dans le bassin de cette dernière qu'a été installé un périmètre de restauration.

La Neste de Louron se divise au sud en deux branches : la Neste de Lapès et le ruisseau de Clarabide.

Ce dernier cours d'eau, sorti du vaste glacier des Gours-Blancs sur le flanc du pic du Port-d'Oô (3,114 m.), forme le principal appoint de la Neste de Louron. Celle-ci coule du sud au nord, en s'incurvant un peu vers l'ouest à partir d'Avajan pour rejoindre la Neste d'Aure à Arreau; elle ne reçoit dans son trajet de 20 kilomètres que des cours d'eau sans importance.

Sur la frontière d'Espagne on rencontre, de l'est à l'ouest, le pic du Port d'Oô (3,114 m.), le pic Pétard (3,178 m.), le pic de Bachimale (2,980 m.) et le pic Guerreys (2,980 m.). A l'ouest, sur la crête qui sépare la Neste de Louron de la Neste d'Aure, on trouve, du sud au nord, le pic de Lustou (3,025 m.), le pic d'Estos (2,804 m.), le pic de Cap de Bassia (2,303 m.) et le pic de Coume (2,145 m.).

Sur la ligne de faîte qui sépare, à l'est, la Neste des vallées de Larboust et d'Oueil, les principaux sommets sont, du sud au nord, le pic de Spijoles (3,049 m.) et le pic d'Agudes (2,241 m.). Au nord de ce pic se trouve le col de Peyresourde (1,545 m.), que traverse la route d'Arreau à Bagnères-de-Luchon; puis la crête se relève au sommet de Lampot (1,841 m.), atteint 2,106 mètres au sommet Derestèches et s'abaisse ensuite jusqu'à Arreau (698 m.).

**Conditions géologiques.** — Indépendamment des roches granitiques, le bassin de la Neste est occupé par l'ordovicien, le gothlandien, le silurien, le dinantien. Les roches dominantes de la région moyenne sont des schistes argilo-calcaires, de teinte plus ou moins foncée, se réduisant en lamelles sous l'action des gelées et des variations de température. Ces schistes donnent des sols sans cohésion que les eaux dégradent sur tous les points où ils ne sont pas protégés par une couverture végétale continue.

**Climat.** — Le climat est froid. Du mois de novembre au mois de mai la neige couvre tous les hauts sommets; dans la partie sud-est du bassin se trouve le glacier des Gours-Blancs.

Les mois de mai, juin et juillet sont très pluvieux et les orages sont fréquents et violents; aussi les crues sont-elles à redouter, en juin surtout.

**Productions.** — Les cultures sont très restreintes : céréales, pommes de terre, quelques prairies de peu d'étendue.

Les forêts ont aussi une faible contenance.

La principale industrie du pays est l'élevage du bétail. Les troupeaux de moutons indigènes ou transhumants sont la principale cause des dégradations du sol.

**Situation administrative. Contenance. Population.** — Le bassin de la Neste de Louron est situé dans l'arrondissement de Bagnères-de-Bigorre.

Sa contenance est de 16,000 hectares et sa population de 2,580 habitants.

**État de dégradation du sol.** — Le point de départ de la dégradation du sol se trouve dans son défaut de cohésion.

Toutefois, maintenus par la végétation forestière, ces terrains seraient restés indemnes si les abus de pâturage n'empêchaient pas la forêt de se régénérer. Les dégradations se traduisent par la présence de ravins qui creusent les versants et viennent recouvrir de débris les cultures de la vallée.

**Composition et contenance du périmètre.** — La contenance du périmètre de la Neste de Louron, constitué par une loi du 29 juillet 1895, est de 215h,55a,90c don 22h,30a appartiennent à l'État.

Il comprend quatre séries :

| | |
|---|---|
| Loudervielle | 12h 73a 50c |
| Mont | 33 44 55 |
| Adervielle | 24 60 95 |
| Génost | 144 76 90 |
| TOTAL | 215 55 90 |

**Travaux.** — Les terrains appartenant à l'État font partie de la série d'Adervielle.

L'altitude varie de 950 à 1,350 mètres et l'exposition est celle de l'est.

La restauration du sol sera obtenue au moyen de travaux de reboisement pour lesquels on emploiera l'épicéa et le mélèze.

Les travaux qui viennent d'être commencés comprennent l'établissement d'une pépinière, la construction d'un chemin pour le passage des troupeaux et l'installation d'une clôture.

# DÉPARTEMENT DES PYRÉNÉES-ORIENTALES.

## PÉRIMÈTRE DU SÈGRE.

**Description du bassin. Altitudes.** — Le Sègre, qui descend du versant occidental du pic de Sègre, à 2,550 mètres d'altitude, passe à Llo et à Saillagouse, traverse l'enclave espagnole de Llivia et entre définitivement en Espagne à Bourg-Madame, à l'altitude de 1,140 mètres.

Son bassin présente sensiblement la forme d'un parallélogramme dont la longueur est de 31 kilomètres, la largeur de 15 kilomètres et la superficie de 46,500 hectares.

La partie centrale du bassin est formée d'une plaine jadis recouverte par les eaux d'un lac. Longue de 18 à 20 kilomètres, large de 6 à 8, elle est orientée du nord-est au sud-ouest; adossée au nord au plateau de Montlouis, elle s'abaisse doucement vers l'Espagne, bénéficiant ainsi d'une exposition méridionale. Sur tout son pourtour elle se relève en collines, en terrasses aux flancs profondément ravinés par les eaux.

Au delà de ces premières hauteurs se dressent de puissantes montagnes.

Le bassin est fermé à l'ouest par une grande chaîne dont les points culminants sont : le pic de Campcardos (2,914 m.), le puig Pedros (2,910 m.) et le pic Nègre (2,812 m.).

Entre la vallée de la rivière de Carol, qui coule au pied de cette première chaîne, et la plaine de Cerdagne, se dresse la masse de la chaîne du Carlitte comprenant le pic occidental de Col Rouge (2,835 m.), le pic oriental de Col Rouge (2,806 m.) et le pic Carlitte (2,921 m.).

A l'est le bassin est fermé par la ligne des sommets qui séparent la France de l'Espagne et dont les principaux sont : le pic d'Eyne

(2,786 m.), le pic de Sègre (2,795 m.), le puig Mal (2,909 m.) et le pic de Dorria (2,539 m.).

**Conditions géologiques.** — L'ossature des montagnes qui entourent le bassin du Sègre est formée de roches granitiques et de schistes et de calcaires primaires. Ces roches anciennes ont fourni, par désagrégation et fragmentation, les matériaux des formations récentes qui les recouvrent dans les parties inférieures et qui ont comblé l'ancien lac pour constituer la plaine centrale de la Cerdagne.

Les roches granitiques se trouvent surtout au nord et à l'ouest, dans les montagnes de Carlitte et de Campcardos et dans leurs abords.

Les terrains paléozoïques occupent sur le pourtour de la plaine de Cerdagne une surface très étendue, constituant notamment toute la chaîne du puig Mal et se développant largement autour de la plaine par une succession de collines adossées au granite dans la région du nord-est.

Les assises les plus récentes qui reposent dans toute la partie centrale du bassin du Sègre sur les schistes et calcaires anciens sont d'ordinaire ainsi constitués : une assise lacustre inférieure, une assise lacustre supérieure, des dépôts de transport superficiels argilo-calcaires. Enfin, dans la zone comprise entre la cuvette de l'ancien lac et les flancs des montagnes, se trouvent des collines généralement formées d'une masse argileuse grossière remplie de fragments de schistes et de graviers quartzeux. Ces deux derniers groupes de terrains, dépourvus de toute ossature rocheuse, sont sans fixité et deviennent aisément la proie des torrents qui les sillonnent.

**Climat.** — Le climat du bassin du Sègre est généralement froid, à raison de l'altitude qui varie de 1,140 à 2,921 mètres. Pendant tout l'hiver la neige couvre le pays.

Le vent du nord, très froid, souffle souvent avec violence, amoncelant la neige qui atteint alors, sur certains points, des hauteurs considérables.

En hiver le thermomètre ne monte guère au-dessus de 0°, et il atteint rarement 25° aux heures les plus chaudes de quelques journées d'été.

Les pluies sont assez rares en Cerdagne. Pendant l'hiver, le mauvais temps amène la neige; en été, les orages déversent des nappes d'eau rapidement entraînées dans le fond des vallées.

**Productions.** — Comme céréales on récolte le seigle, l'orge et l'avoine. La culture de la pomme de terre se fait sur une très grande échelle et constitue pour la région une ressource alimentaire importante et un article d'exportation.

Les prairies naturelles et artificielles de la plaine, généralement bien irriguées, fournissent des fourrages abondants grâce auxquels, avec l'aide des immenses pâturages de la montagne, l'élevage des bœufs et des moutons se pratique dans le bassin du Sègre sur une grande échelle.

L'élevage du cheval et du mulet donne aussi d'excellents résultats.

La question des pâturages présente donc une très grande importance en Cerdagne.

Les bois soumis au régime forestier ont une contenance de 7,000 hectares.

**Situation administrative. Contenance. Population.** — Le bassin du Sègre est situé dans l'arrondissement de Prades.

Sa contenance est de 46,500 hectares et sa population de 8,300 habitants.

Il présente cette particularité de renfermer dans sa partie centrale une enclave espagnole comprenant le bourg de Llivia et son territoire, dont la superficie est de 1,500 hectares environ.

**État de dégradation du sol.** — En Cerdagne, comme ailleurs, de grandes surfaces boisées ont été détruites par imprévoyance. Des forêts ont disparu sur quelques points où leur maintien aurait été indispensable.

A certains vestiges on peut s'assurer notamment que des massifs importants couvraient autrefois les vastes déserts pierreux qui s'étendent aujourd'hui au pied du Carlitte. Le déboisement s'est effectué d'abord au XIV^e siècle, sous les rois d'Aragon, ensuite au XVII^e siècle, à l'époque à laquelle la Cerdagne a fait retour à la France. Dès l'année 1680, les ordonnances se succèdent pour arrêter la dévastation des bois; les déprédations cessent, mais les abus de pâturage et d'usage au bois continuent en l'absence de toute surveillance effective. Ce n'est guère que dans les soixante dernières années que les forêts de Cerdagne ont commencé à se reconstituer par suite de l'application du code forestier.

Les collines et les terrasses qui relient la plaine de Cerdagne aux flancs des montagnes qui l'enserrent à l'est sont constituées par des dépôts argilo-marneux, mélangés d'éboulis et totalement dépourvus d'ossature rocheuse. Dénudés et sillonnés de nombreux ravins, ils ne présentent aucune résistance à l'érosion provenant des eaux dues aux pluies d'orage ou à la fonte des neiges : leurs débris sont entraînés dans les cultures et dans les chemins.

Les terrains dégradés de la vallée de Carol surplombent des villages et sont une cause de danger pour la circulation sur la route nationale.

Le sol est bien formé de roches anciennes dures; mais sur les immenses versants dénudés qui dominent la vallée, les villages et la route, ces roches sont souvent désagrégées ou fragmentées. Il en résulte que les flancs des montagnes sont déchirés de ravins profonds et sillonnés de couloirs d'avalanches.

**Composition et contenance du périmètre.** — La contenance du périmètre projeté du Sègre est de 720^h,02^a,98^c.

Il comprend les neuf séries suivantes :

| | |
|---|---|
| Llo | 28ʰ 27ᵃ 89ᶜ |
| Saillagouse | 38 06 45 |
| Sainte-Léocadie | 31 91 33 |
| Nahuja | 49 45 20 |
| Osséja | 64 16 61 |
| Palau | 6 91 60 |
| Latour-de-Carol | 81 24 08 |
| Porta | 282 00 76 |
| Porté | 138 99 08 |
| Total | 720 02 98 |

**Travaux.** — On se propose, dans la vallée du Carol, de protéger les villages, les hameaux et la route contre les dangers des éboulements, des avalanches et des inondations.

Au sud-est de la plaine de Cerdagne, il s'agirait d'arrêter la dégradation des collines dont les terres meubles descendent sur les cultures, les couvrent de laves et obstruent les chemins.

On atteindra ce but au moyen de murs de soutènement, de barrages dans les couloirs d'avalanches et de plantations pour lesquelles on emploiera surtout le pin à crochets, l'essence la plus répandue dans la région. (Planche 78.)

### PÉRIMÈTRE DE LA TET SUPÉRIEURE.

**Description du bassin. Altitudes.** — La Tet descend du massif de Carlitte : grossie des ruisseaux du Lagrave et du pic de Prigue, elle débouche dans le vaste réservoir naturel de la Bouillouse, situé à 2,000 mètres d'altitude.

Elle traverse ensuite le défilé du Malpas, puis elle coule en pente douce au fond de la vallée formée par les pentes des forêts de Barrès au nord et de Bolquère au sud, en traversant successive-

78. Périmètre du Sègre (Pyrénées-Orientales). Série de Porta.

ment les deux plates-formes connues sous les noms de Pla des Abeillans et de Pla de Barrès.

Aux abords de Montlouis les versants se resserrent en une gorge étroite et la Tet, accentuant sa chute, se précipite en cascades pour contourner les rochers qui supportent la citadelle, à l'altitude de 1,600 mètres; elle descend ensuite jusqu'à 600 mètres, à Olette.

De la Bouillouse à Montlouis la pente moyenne de la rivière est de 0,033 p. 100; elle est de 0,067 p. 100 de Montlouis à Olette.

Les principaux affluents sont : la Carença, sur la rive droite, et la rivière de Cabrils, grossie de la rivière d'Evol, sur la rive gauche.

La vallée de la Tet présente au nord la forme d'un immense cirque formé par le pic de Lagrave (2,400 m.), la Pique Rouge (2,558 m.) et le pic de Prigue (2,810 m.).

Au sud la limite du bassin forme frontière avec l'Espagne; on y remarque le pic de la Donya (2,714 m.), le pic du Géant (2,881 m.), les deux pics de la Vache (2,830 m. et 2,812 m.), qui dressent leurs pointes aiguës au-dessus de la sierra espagnole du même nom, et enfin le pic d'Eyne ou de Carança (2,786 m.).

La vallée de Cabrils prend naissance au fond d'un petit cirque appelé Coume de Ponteils, adossé au massif de Madres (2,453 m.). Le col de la Perche (1,577 m.) fait communiquer la vallée de la Tet avec la vallée du Sègre. La vallée de l'Aude est réunie à celle de la Tet par le col de Casteillou (1,715 m.) et à celle de Cabrils par le col de Creu (1,712 m.).

**Conditions géologiques.** — La base minéralogique du bassin de la Tet supérieure est généralement formée de roches granitiques. Sur les versants inférieurs on rencontre fréquemment des schistes micacés associés à des schistes siliceux ou argileux.

Les grandes masses granitiques se rencontrent dans les chaînes de hautes montagnes qui limitent le bassin au nord-ouest, et aussi



IMPRIMERIE NATIONALE.

dans la chaîne centrale qui sépare la vallée principale de la vallée de Cabrils.

On retrouve encore le granit au sud-est; mais les montagnes de la rive droite de la Tet sont surtout constituées par des gneiss, à partir de Mont-Louis. Le bassin de la rivière d'Evol et une partie de celui de la rivière de Cabrils sont formés par des schistes siluriens.

Sous forme de blocs erratiques, les granites recouvrent la plupart des versants, où ils se rencontrent tantôt épars, tantôt amoncelés sur des surfaces plus ou moins étendues.

Au fond du bassin, tout autour de Montlouis, se trouve un vaste plateau formé de terrains de transport constitués d'éléments très divers et parsemés soit à la surface, soit même à l'intérieur de leur masse, de blocs erratiques de toutes dimensions.

On trouve enfin sur les terrains qui coupent les pentes du bassin des zones marécageuses où la tourbe s'est formée, et recouvre parfois la roche en place sur une grande épaisseur.

**Climat.** — Le climat, exception faite pour le fond des vallées, est rude à raison de l'altitude. Les hivers sont longs et rigoureux; la neige séjourne sur le sol pendant cinq ou six mois consécutifs.

La chaleur est modérée en été.

Le vent est continu et souvent violent.

Les orages sont très fréquents en été.

**Productions.** — Dans la région de Montlouis, on cultive presque exclusivement le seigle, l'avoine et l'orge comme céréales. La culture de la pomme de terre se fait sur une grande échelle et la récolte dépasse de beaucoup les besoins de la consommation locale; l'excédent est exporté et représente, avec le bétail, la principale source des revenus.

Les prairies occupent le fond des vallées et leurs fourrages, joints aux pâturages des montagnes, permettent l'entretien d'une grande quantité de bétail. Entre Fontpédrouse et Olette, où le climat est plus doux, on cultive en outre le blé, les plantes potagères et les arbres fruitiers.

Les forêts sont assez étendues et s'élèvent jusqu'à 2,400 mètres environ. Les essences principales qu'on y rencontre sont le pin à crochets, le pin sylvestre, le sapin, le hêtre et le bouleau.

**Situation administrative. Contenance. Population.** — Le bassin supérieur de la Tet est situé dans l'arrondissement de Prades.

Sa contenance est de 38,600 hectares et sa population de 5,520 habitants environ.

**État de dégradation du sol.** — Les hautes régions se sont maintenues en bon état et ne renferment pas de surfaces dégradées. Cette situation tient à la solidité du sol, formé en grande partie de masses granitiques, à la grande étendue des forêts et à leur éloignement des centres habités.

Tout au contraire, dans la partie inférieure du bassin, les abus de pâturage et d'exploitation de bois, ainsi que la moindre solidité du sol, formé souvent de terrains de transport ou de schistes, ont produit de graves désordres. Les pentes arides qui dominent le fond de la vallée étaient souvent dénudées, ruinées et ravinées en tous sens lors de la constitution du périmètre de restauration.

Il en résultait de brusques crues, au moment des pluies d'orage ou des fontes de neige, dont les effets désastreux se faisaient surtout sentir dans la plaine du Roussillon et dans la ville même de Perpignan, où le lit de la Tet est encombré de graviers et de blocs.

Parfois aussi des éboulements de terrains instables venaient barrer le cours de la rivière et retenaient les eaux jusqu'au moment où leur pression devenait assez forte pour tout emporter.

La situation est fort améliorée aujourd'hui. Les pentes instables ont été, pour la plupart, consolidées et couvertes de végétation; il n'y a plus qu'à attendre la croissance des jeunes repeuplements.

**Composition et contenance du périmètre.** — La contenance du périmètre de la Tet supérieure est de 1,300$^h$,46$^a$,49$^c$, dont 999$^h$,18$^a$,01$^c$ appartiennent à l'État.

Il comprend dix séries, dont huit proviennent d'anciens périmètres revisés :

| | | | |
|---|---|---|---|
| Saint-Pierre | 18$^h$ | 96$^a$ | 80$^c$ |
| Planès | 49 | 20 | 95 |
| Santo | 138 | 91 | 10 |
| Fontpédrouse | 299 | 81 | 35 |
| Thuès | 126 | 62 | 51 |
| Canaveilles | 239 | 39 | 12 |
| Nyer | 161 | 65 | 10 |
| Talau | 33 | 12 | 30 |
| Orcilla | 54 | 97 | 10 |
| Olette | 177 | 80 | 16 |
| TOTAL | 1,300 | 46 | 49 |

**Travaux.** — Le but que l'on s'était proposé lors de la constitution du périmètre de la Tet supérieure était de consolider les terrains instables et d'en assurer la fixité par le reboisement.

Le travail de consolidation s'est poursuivi le plus souvent par des constructions de murs en pierre sèche destinés à soutenir les terres ou à barrer les lits des ravins pour les combler peu à peu suivant de faibles pentes. Dans certains éboulements particulièrement dangereux, on a dû avoir recours à des murs en maçonnerie.

Les résultats obtenus sont satisfaisants.

Le reboisement des séries de Saint-Pierre et de Planès, où se trouvaient à l'origine des morts bois et quelques feuillus, s'est produit naturellement par le fait de la mise en défends; les vides complets ont été plantés en pins à crochets et pins sylvestres.

**79.** Périmètre de la Tet supérieure (Pyrénées-Orientales). Série de Thuès.
Reboisement en pins sylvestres et pins Salzmann.

Dans les séries de Sauto et de Fontpédrouse, on a employé le pin à crochets, le pin sylvestre et le pin laricio d'Autriche, avec quelques feuillus en mélange. Les séries de Thuès et de Nyer sont occupées par un reboisement en très bon état de végétation composé de pins sylvestres, pins à crochets, chênes rouvres et chênes verts.

On a effectué dans la série de Canaveilles des semis de chêne rouvre et de chêne vert, qui sont encore trop récents pour qu'on puisse en apprécier le résultat.

Enfin la série d'Olette, assise sur des schistes paléozoïques, a un très bel aspect.

Le peuplement, âgé en moyenne de vingt ans, comprend les essences suivantes : pin sylvestre, pin noir, pin maritime, chêne rouvre et chêne vert.

La contenance totale reboisée est de 833 hectares. (Planche 79.)

## PÉRIMÈTRE DE LA TET INFÉRIEURE.

**Description du bassin. Altitudes.** — Le bassin de la Tet inférieure est compris entre Olette et la Méditerranée.

D'Olette à Villefranche, la vallée est très resserrée; elle prend ensuite quelque ampleur aux alentours de Prades, pour se rétrécir de nouveau dans le défilé de Rodès. Au delà, elle s'épanouit en une vaste plaine descendant jusqu'à la mer suivant une très faible pente.

Le bassin est limité, au sud, par la chaîne du Canigou (2,785 m.), détachée des Pyrénées et dont les contreforts vont mourir dans la plaine du Roussillon, au nord, par une autre chaîne qui a son origine au pic de Madres et se termine près du Soler, après s'être abaissée progressivement au niveau de la plaine : à partir de ce point, aucune ligne de faîte appréciable ne sépare le bassin de la Tet de celui de l'Agly.

Les principaux affluents sont : sur la rive droite, les rivières de

Rotja, de Cady et de Boule, et, sur la rive gauche, les rivières de Caillau et de Castillane.

La pente est de 0.018 d'Olette à Prades, de 0.013 de Prades à Ille et de 0.004 d'Ille à la mer.

**Conditions géologiques.** — L'ossature des hautes montagnes est formée par le granite, les gneiss et les micaschistes; ces roches émergent sur les hauteurs.

A une altitude moindre, les versants sont constitués par des schistes et des calcaires paléozoïques.

La plaine enfin présente des terrains récents.

Sur le flanc des montagnes, comme à Escaro et à Serdinya, on rencontre des dépôts glaciaires sur lesquels la puissance d'érosion des eaux est considérable.

Les terrains granitiques sont solides en général, car ils sont protégés par la végétation forestière.

Les schistes sont très friables et de nombreux torrents s'y sont formés, comme à Souanyas, à Conat et à Urbanya.

Les calcaires sont résistants, mais, lorsqu'ils se présentent, comme à Nohèdes, sous forme de pentes abruptes et dénudées, l'écoulement des eaux peut présenter de réels dangers.

**Climat.** — Le climat est très varié, à raison des grandes différences d'altitude.

Les cistes, l'agave, le cactus, le grenadier, le lyciet croissent à l'état spontané dans les parties basses.

L'olivier, le chêne-liège, puis le chêne vert, se trouvent dans la région moyenne jusqu'à l'altitude de 500 mètres.

Dans les parties élevées, les peuplements forestiers sont formés par le pin à crochets, le pin sylvestre, le sapin, le chêne rouvre, le bouleau et le hêtre.

La pluie est amenée principalement par les vents d'est.

La hauteur d'eau tombée annuellement est en moyenne de

o m. 549 à Perpignan (31 m.), de o m. 583 à Ille (129 m.), de o m. 512 à Prades (348 m.) et de o m. 563 à Olette (600 m.).

Les pluies d'orage en été sont fortes, mais assez rares. Les pluies d'hiver sont parfois très abondantes.

Le vent du nord-ouest souffle avec une très grande violence dans la plaine de Perpignan.

**Productions.** — La culture de la vigne est la plus répandue, surtout dans la plaine, où elle couvre de très vastes surfaces. Dans les meilleurs sols, bien irrigués, on récolte cependant les céréales, les asperges, les artichauts, etc.

Le blé, le seigle et l'avoine sont cultivés dans les vallées montagneuses après 4 à 5 ans de jachère.

Les pâtures sont très maigres; elles sont désignées dans le pays sous le nom de vacants. Les prairies de montagne sont rares.

**Situation administrative. Contenance. Population.** — Le bassin de la Tet inférieure est situé dans les arrondissements de Perpignan, de Céret et de Prades.

Sa contenance est de 110,800 hectares et sa population de 87,800 habitants environ.

**État de dégradation du sol.** — Les vacants sont livrés pendant toute l'année au parcours des chèvres et des moutons. Ceux-ci broutent l'herbe jusqu'à la racine, qu'ils arrachent souvent, piétinent le sol et font descendre les cailloux et la terre végétale dans le fond des ravins. La moindre pousse arbustive est dévorée; seuls, les cistes, les genêts et les bruyères, dédaignés par le bétail, peuvent subsister, mais, dès qu'ils couvrent et protègent le sol, le feu les détruit et les versants sont de nouveau mis à nu.

La dégradation du sol, très sensible sur les terrains schisteux, est due aux abus d'exploitation et aux incendies d'abord, à l'exercice non réglementé du parcours ensuite.

Il résulte de cet état de dégradation et de dénudation des versants que les crues de la Tet sont particulièrement dangereuses par suite de l'exhaussement de son lit dû aux apports de matériaux détritiques et de la concentration rapide des eaux pluviales dans la vallée.

**Composition et contenance du périmètre.** — La contenance du périmètre de la Tet inférieure est de 2,335h86a50c, dont 1,367h55a34c appartiennent à l'État.

Il comprend quatorze séries, dont huit proviennent d'anciens périmètres revisés :

| | | | |
|---|---|---|---|
| Souanyas | 123h | 93a | 14c |
| Jujols | 95 | 07 | 40 |
| Escaro | 335 | 92 | 10 |
| Serdinya | 413 | 28 | 33 |
| Saborre | 108 | 89 | 70 |
| Fuilla | 39 | 43 | 00 |
| Corneilla | 46 | 97 | 20 |
| Conat | 436 | 57 | 01 |
| Villefranche | 305 | 37 | 75 |
| Urbanya | 109 | 30 | 70 |
| Nohèdes | 243 | 40 | 60 |
| Ria | 20 | 03 | 40 |
| Arboussols | 43 | 25 | 95 |
| Montner | 14 | 40 | 22 |
| TOTAL | 2,335 | 86 | 50 |

**Travaux.** — Les séries de Serdinya et de Jugols sont situées en sol calcaire, sur la rive gauche de la Tet, à l'exposition du sud; l'altitude varie de 850 à 1,750 mètres.

Ces terrains sont couverts de jeunes plantations de pin sylvestre dans les parties hautes et de semis de chêne rouvre dans les parties basses : les peuplements les plus anciens sont âgés de 15 ans.

Dans les séries de Villefranche et de Fuilla, le sol est calcaire

80. Périmètre de la Tet inférieure (Pyrénées-Orientales). Série de Souanyas.
Partie centrale du torrent de Saint-Coulgat.

**81.** Périmètre de la Tet inférieure (Pyrénées-Orientales). Série de Serdinya.
Pins maritimes, pins noirs et pins laricios de Corse de 15 à 20 ans, à 750 mètres d'altitude.

82. Périmètre de la Tet inférieure (Pyrénées-Orientales). Série de Serdinya. — Ravin de la pépinière.

83. Périmètre de la Tet inférieure (Pyrénées-Orientales) Série de Villefranche.
Plantation de pins nains et de pins de Salzmann de 12 ans.

84. Périmètre de la Tet inférieure (Pyrénées-Orientales). Série de Villefranche.
Plantation de pins noirs à 1100 mètres d'altitude.

également, l'exposition est aussi celle du sud, l'altitude est comprise entre 450 et 1,400 mètres.

On a utilisé, pour le reboisement, le chêne vert, le chêne rouvre, le pin d'Alep, le pin noir et le pin sylvestre : les peuplements les plus anciens sont âgés de 25 ans.

Les séries de Souanyas, d'Escaro et de Serdinya (partie) sont situées sur la rive droite de la Tet et, par conséquent, exposées au nord.

Le sol est formé par des dépôts glaciaires; l'altitude est comprise entre 500 et 1,000 mètres.

Les versants nus d'autrefois sont actuellement remplacés par de vastes pineraies constituées par des pins noirs, des pins laricios des Cévennes, des pins sylvestres et des pins maritimes. Ces pineraies sont âgées de 20 à 35 ans.

De plus, on a effectué récemment par places, sous les pins, des semis de chêne rouvre et de chêne vert, qui sont destinés à devenir les essences prédominantes.

Les nombreux ravins creusés dans les dépôts glaciaires ont exigé l'exécution de travaux de correction.

Les séries de Corneilla et de Ria, en sol calcaire, sont aussi exposées au nord, l'altitude variant de 400 à 800 mètres.

Le reboisement a été obtenu sans difficulté; on a employé le pin noir, le pin d'Alep et le chêne yeuse en mélange. L'âge moyen des peuplements est de 20 ans; le résultat obtenu est excellent.

La contenance totale reboisée est de 1,259 hectares. (Planches 80 à 84.)

## PÉRIMÈTRE DE L'AGLY INFÉRIEURE.

**Description du bassin. Altitudes.** — Le bassin de l'Agly inférieure occupe le nord du département des Pyrénées-Orientales : il se termine à l'est par une vaste plaine qui descend vers la Méditerranée suivant une très faible pente.

La partie montagneuse est formée par les Corbières au nord et par les dernières ramifications des Pyrénées au sud.

Ces montagnes sont groupées en chaînes irrégulières et leur ensemble, qui paraît continu au premier aspect, est séparé parfois par de profondes coupures. Telles sont les gorges de Galamus, par lesquelles l'Agly pénètre dans les Pyrénées-Orientales, au nord de Saint-Paul, pour s'engager ensuite dans les gorges de la Fou.

Les affluents de l'Agly sont, sur la rive droite, la Boulzanne, qui est en réalité le cours d'eau principal, et la Desix et, sur la rive gauche, la rivière de Maury, le Verdouble et la Reboule.

Les sommets les plus élevés sont le signal Naou (1,314 m.) au sud-ouest et le roc Paradet (900 m.) au nord-ouest.

L'altitude de l'Agly, qui est de 400 mètres à son entrée dans les Pyrénées-Orientales, n'est plus que de 220 mètres à Saint-Paul, où elle reçoit la Boulzanne, et de 70 mètres à Estagel, où se trouve le confluent avec le Verdouble.

**Conditions géologiques.** — Le bassin de l'Agly renferme des roches appartenant à des terrains bien différents et disposées les unes par rapport aux autres dans un ordre très irrégulier.

Le granite, les gneiss et les micaschistes et les couches paléozoïques dominent au sud; au centre se trouve le jurassique inférieur et au nord le crétacé inférieur.

Le calcaire forme la chaîne des Corbières ainsi que les pentes qui dominent la rive droite de l'Agly entre Estagel et Cases-de-Pène.

Dans le surplus du bassin, les roches granitiques et schisteuses alternent, mais ne sont jamais juxtaposées : une couche calcaire de faible épaisseur, mais souvent assez étendue, les sépare toujours.

**Climat.** — Le climat du bassin de l'Agly inférieure est des plus variés.

L'agave, le cactus, le grenadier croissent à l'état spontané dans les parties basses.

Le hêtre, le sapin et le pin sylvestre peuplent les forêts de sa lisière occidentale. Le chêne, l'olivier et le mûrier se rencontrent dans toute la région moyenne.

Les pluies sont amenées par les vents du sud et du sud-est; elles sont rares, mais très violentes en été.

L'intensité des crues qui en résultent est accrue par une très forte pente de la rivière dans la montagne et une très faible au contraire dans la plaine.

**Productions.** — La culture la plus répandue est celle de la vigne; elle est remplacée par les céréales à l'extrémité occidentale du bassin.

Les prairies naturelles sont peu importantes. Les forêts ont disparu partout, sauf sur la lisière occidentale.

Par contre, les vacants couvrent d'immenses surfaces parcourues par les moutons et les chèvres.

**Situation administrative. Contenance. Population.** — Le bassin de l'Agly inférieure est situé dans les arrondissements de Perpignan et de Prades.

Sa contenance est de 85,000 hectares et sa population de 40,450 habitants environ.

**État de dégradation du sol.** — Le bassin de l'Agly est très peu boisé, puisque les forêts ne couvrent que 3.5 p. 100 de sa superficie.

Les terrains cultivés entrent dans la répartition culturale pour 42.5 p. 100; ils occupent les vallées et les versants en pente douce.

Les terrains boisés ou cultivés sont en bon état de conservation, mais il en est autrement des vacants, qui occupent 47 p. 100 de la surface du bassin.

La végétation forestière y est à peu près nulle; de chétifs arbrisseaux, épineux pour la plupart et par suite respectés par le bétail, s'y développent seuls.

Sur tous les versants à déclivité accusée, des ravins se sont formés.

Il paraît certain que ces vacants étaient autrefois couverts en partie de bois dont la disparition doit être imputée à l'intervention humaine : on ne rencontre des cépées éparses de chêne yeuse que loin des habitations.

Les exploitations excessives suivies du pâturage des moutons et des chèvres ont transformé ces bois en vacants, dont la dégradation s'accentue d'année en année par l'emploi du feu pour la destruction périodique des cistes, des genêts et des lavandes.

Dans ce bassin, les granites et surtout les schistes sont très friables.

Une fois mis à nu et désagrégé peu à peu par l'influence des agents atmosphériques, le sol est entraîné par le ruissellement des eaux pluviales et des ravins se creusent.

Les troupeaux, de leur côté, piétinent la terre, arrachant les touffes de gazon qui s'y étaient développées, et le mal grandit chaque jour par l'effet de ces deux actions combinées.

Les terrains calcaires sont résistants, mais ils déversent dans les thalwegs des masses d'eau considérables.

**Composition et contenance du périmètre.** — La contenance du périmètre de l'Agly inférieure est de 4,000$^h$24$^a$65$^c$, dont 1,413$^h$64$^a$52$^c$ appartiennent à l'État.

Il comprend vingt séries :

| | | | |
|---|---|---|---|
| Caudiès | 503$^h$ | 31$^a$ | 54$^c$ |
| Prugnanes | 173 | 01 | 62 |
| Saint-Paul | 183 | 67 | 15 |
| Maury | 307 | 76 | 05 |
| Rabouillet | 117 | 52 | 60 |
| Sournia | 728 | 50 | 31 |

| | | | |
|---|---|---|---|
| Campoussy | 666 | 92 | 05 |
| Trévillach | 112 | 19 | 11 |
| Trilla | 69 | 88 | 50 |
| Le Vivier | 15 | 97 | 91 |
| Saint-Martin | 152 | 36 | 50 |
| Ansignan | 34 | 58 | 60 |
| Lesquerde | 201 | 13 | 04 |
| Saint-Arnac | 62 | 63 | 00 |
| Lansac | 40 | 31 | 20 |
| Planèzes | 56 | 17 | 00 |
| Montner | 36 | 05 | 40 |
| Calce | 263 | 34 | 50 |
| Cases-de-Pène | 57 | 17 | 77 |
| Tantavel | 218 | 21 | 90 |
| TOTAL | 4,000 | 24 | 65 |

**Travaux.** — Le but que l'on se propose est d'atténuer, par la restauration des terrains compris dans le périmètre, les crues désastreuses de l'Agly. On n'aura recours pour cela qu'à des travaux de reboisement.

Le pin sylvestre, le pin laricio des Cévennes, le châtaignier, le chêne rouvre et le chêne yeuse seront employés selon la nature et l'exposition des terrains à reboiser; de plus, on utilisera des plants de frêne et de noyer sur les points où le sol le permettra.

## PÉRIMÈTRE DU TECH.

**Description du bassin. Altitudes.** — Le Tech, dont la source est située au pied du sommet de Roque Couloum, à l'altitude de 1,300 mètres environ, coule vers l'est avec une pente moyenne de 0.066 jusqu'à Arles, puis de 0.007 d'Arles à la mer.

Sur la frontière d'Espagne, les principaux sommets sont, de l'ouest à l'est, le sommet de Roque Couloum (2,400 m.), le pic de

Costabone (2,464 m.) et le mont Falgas (1,610 m.). Entre ces deux dernières montagnes, la ligne de crête est comprise entre 1,600 et 1,700 mètres. Elle s'abaisse ensuite et atteint 1,449 mètres au Roc de France et 290 mètres au col du Perthus, passage de la route de France en Espagne; de là elle remonte à 1,357 mètres au pic Noulos, point culminant de la chaîne des Albères et finit par plonger dans la Méditerranée.

Entre les bassins du Tech et de la Tet, la ligne de faîte part du sommet de Roque Couloum et passe par le puig de Collade Verde (2,520 m.), le pla Guilhem (2,300 m.), le pic de Rougeat (2,700 m.), le pic de 13 Vents (2,763 m.) et le sommet de Tour de Batère (1,430 m.), puis elle s'abaisse progressivement jusqu'à la plaine.

**Conditions géologiques.** — Les gneiss et les micachistes forment toute la chaîne des Albères; ils sont entourés de terrains paléozoïques, schistes et calcaires.

Dans la direction de l'ouest le granite apparaît, puis, au centre et au nord du bassin jusqu'à Céret on rencontre des roches granitiques et des assises primaires; une tache de jurassique inférieur est située au nord d'Amélie-les-Bains.

De Céret à la mer, le versant de rive gauche du bassin est occupé par des couches tertiaires, puis par des dépôts plus récents qu'on trouve aussi à l'extrémité orientale du versant de rive droite.

Les roches granitiques se désagrègent sous l'action des agents atmosphériques en donnant des sables ou des graviers, les schistes sont friables, les calcaires seuls sont résistants.

**Climat.** — Le climat du bassin du Tech est très varié; les plantes des pays chauds, tempérés ou froids trouvent leur place sur des versants qui s'élèvent du rivage de la Méditerranée jusqu'à l'altitude extrême de 2,763 mètres.

Aussi voit-on, dans les plaines, le cactus, l'agave, le lyciet et le grenadier border les chemins, tandis que le rhododendron, le pin de montagnes, les saules vivent dans les régions supérieures, sans pouvoir toutefois atteindre le sommet des montagnes que couronnent des pâturages ou des rochers.

D'une manière générale, cependant, le climat est doux, le bassin étant abrité au nord par une ligne de sommets élevés.

Les pluies ne sont pas très fréquentes mais sont parfois très abondantes.

**Productions.** — La vigne est la culture principale dans les parties inférieure et moyenne du bassin; on y trouve également l'olivier et le micocoulier; on récolte aussi des fruits et des légumes, d'abondants fourrages et à l'amont d'Amélie le maïs, le blé et d'autres céréales.

Les forêts sont étendues et occupent environ 30 p. 100 de la contenance du bassin.

Les essences les plus précieuses sont le chêne-liège, le châtaignier et le chêne yeuse : d'importantes plantations de châtaignier ont été effectuées pendant la seconde moitié du dernier siècle.

Le hêtre couvre de grandes surfaces au-dessus de 900 mètres d'altitude, mais son bois est peu recherché : l'érable champêtre, le frêne, l'orme, le bouleau et le tilleul sont mélangés au hêtre dans les taillis.

Le coudrier noisetier est cultivé pour son fruit sur des surfaces importantes.

Les résineux sont peu répandus; ils ne comprennent que quelques petits massifs de pin de Saltzmann et de pins à crochets.

Les pâtures occupent environ 40 p. 100 du territoire. Les troupeaux de gros bétail et surtout de moutons sont nombreux, mais le nombre des chèvres est assez restreint.

**Situation administrative. Contenance. Population.** —

Le bassin du Tech est situé dans les arrondissements de Céret, de Perpignan et de Prades.

Sa contenance est de 72,000 hectares et sa population de 45,500 habitants environ.

**État de dégradation du sol.** — Par suite du taux de boisement élevé du bassin les eaux d'irrigation ne font pas défaut et permettent d'augmenter par des arrosages fertilisants la production des terres cultivées.

Les inondations seraient peu à redouter si le lit du Tech n'était pas encombré de matériaux d'apport : c'est la source de ces matériaux qu'il importe de tarir, surtout dans l'intérêt des riches cultures de la vallée.

Plusieurs torrents ont une origine toute récente : ils sont creusés sur des terrains très déclives, boisés autrefois. Le feu courant, le pâturage exagéré et les exploitations excessives ont détruit la végétation forestière qui n'est plus représentée que par quelques hêtres buissonnants, de sorte que les eaux pluviales ont pu facilement entamer le sol et former des ravins.

D'autres torrents plus anciens, comme à Prats-de-Mollo, ont creusé profondément leur lit dans des roches primaires assez tendres.

**Composition et contenance du périmètre.** — La contenance du périmètre du Tech, constitué par une loi du 18 juillet 1906, est de $765^{h} 79^{a} 42^{c}$.

Il comprend trois séries :

| | |
|---|---|
| Prats-de-Mollo | $611^{h} 38^{a} 10^{c}$ |
| Arles-sur-Tech | 23 34 22 |
| Montbolo | 131 07 10 |
| TOTAL | 765 79 42 |

**Travaux.** — Aucune acquisition de terrain n'ayant pu être réalisée jusqu'à ce jour, les travaux de restauration n'ont pu être entrepris.

Ils consisteront en travaux de reboisement pour lesquels on emploiera le pin à crochets et l'épicéa dans les parties les plus élevées, puis le bouleau et le hêtre, et enfin, plus bas, le châtaignier, le chêne rouvre et le chêne yeuse.



IMPRIMERIE NATIONALE.

# TABLE DES MATIÈRES.

## RÉGION DES CÉVENNES ET DU MASSIF CENTRAL.

### DÉPARTEMENT DE L'ARDÈCHE.



### DÉPARTEMENT DE L'AUDE.



### DÉPARTEMENT DE L'AVEYRON.



### DÉPARTEMENT DU GARD.



### DÉPARTEMENT DE L'HÉRAULT.

DÉPARTEMENT DE LA LOIRE.



DÉPARTEMENT DE LA HAUTE-LOIRE.



DÉPARTEMENT DE LA LOZÈRE.



DÉPARTEMENT DU PUY-DE-DÔME.



DÉPARTEMENT DU TARN.



## RÉGION DES PYRÉNÉES.

DÉPARTEMENT DE L'ARIÈGE.

## DÉPARTEMENT DE L'AUDE.



## DÉPARTEMENT DE LA HAUTE-GARONNE.



## DÉPARTEMENT DES HAUTES-PYRÉNÉES.



## DÉPARTEMENT DES PYRÉNÉES-ORIENTALES.

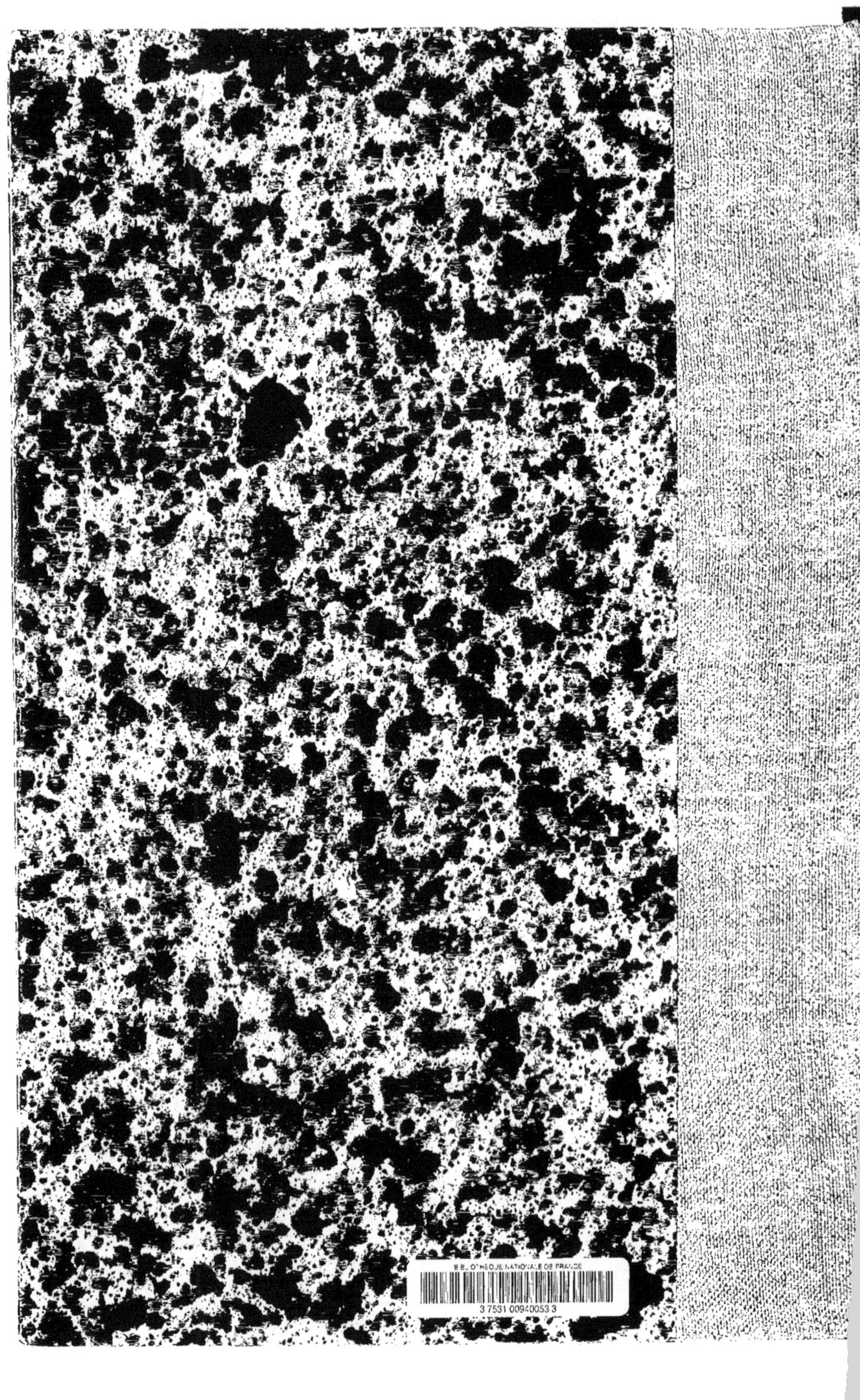

www.ingramcontent.com/pod-product-compliance
Ingram Content Group UK Ltd.
Pitfield, Milton Keynes, MK11 3LW, UK
UKHW020321200726
13857UKWH00001B/243